傑米‧奧利佛的5種食材

地中海料理

作者

傑米‧奧利佛
JAMIE OLIVER

翻譯　楊雅琪

食物攝影　DAVID LOFTUS
設計　JAMES VERITY

常常生活文創

洛伊德・海斯

LLOYD HAYES

1983 - 2023

今年，我們摯愛的一位「十五培訓計畫」[1]畢業學員英年早逝，離開了我們。

他的離世讓「十五計畫」的成員和我痛心疾首。我初次見到洛伊德時，他是個性格活潑、身材魁梧，令人望之生畏和有雙大手的小伙子，在此之前，這雙大手給他自己招惹了不少麻煩。但他決心奮發向上。後來他成為一名優秀的廚師，他的蛻變過程深深影響我們所有的人。不久之後，他就用那雙強壯的大手製作出最精緻可口的美食。

他為人誠實，總是坦率地表達個人想法，是一位優秀的團隊成員，我本來打算贊助他開自己的第一家餐廳。但令人悲傷的是，癌症卻帶走了他。看著他從我們初次相見到後來取得了不起的進步，讓我更加堅信，給予年輕人第二次機會，提供他們成功所需的時間和工具，是社區繁榮的必要關鍵。

他身後留下賢慧的妻子娜塔莎（Natasha）和兩個可愛的孩子，艾希頓（Ashton）和阿拉雅（Aalayah），他們永遠都是我們「十五計畫」家庭重要的一分子。

安息吧，兄弟。

1「十五培訓計畫」（Fifteen training programme）是由傑米・奧利佛於 2002 年所創立的公益培力計畫，旨在幫助社會邊緣青少年脫離困境。該計畫最初挑選十五名青少年加入，故名「十五」，後來增為每年十八名。錄取的青少年在奧利佛於倫敦開的非營利餐廳「十五餐廳」擔任學徒，透過習得烹飪技巧進入餐飲業，創造第二人生。2019 年，隨著奧利佛的餐飲事業經營陷入危機，「十五餐廳」和多個餐飲品牌陸續熄燈。──譯者註

目錄
CONTENTS

風味滿點的
美味食物
DELICIOUS BIG-FLAVOUR FOOD

　　我本來沒有打算要寫這本書。我沒想過會再出一本「五種食材」(5 Ingredients) 食譜書，但我數不清有多少次被要求再出一本，尤其是我太太喬爾斯 (Jools)。她叫我別再想著寫其他的東西了，她說：「大家的生活這麼忙，這才是大家感興趣的書，學校的家長們都在討論這本書呢。」

　　我不是一個喜歡重溫過去、重拾舊路的人，但這也是時代變遷的象徵。五十年前、甚至是二十五年前，我剛入行時，與現代人烹飪的方式大不相同──我們在忙碌的生活中要應付太多事情，圍繞在身邊的科技發展一方面為我們節省時間，一方面卻又占據我們的時間。再說，人類本來就喜歡找到最有效率的做事方式來節省時間，然後再用其他事情來填滿時間！於是，抱持著這個想法，我寫下了另一本「五種食材」食譜書。這本書以我畢生遊歷地中海各地的經驗為基礎，內容更加生動有趣。書中介紹世界上最受喜愛和推崇的飲食之一──地中海飲食，讓你深入了解簡單、愛、熱忱、關懷，以及對口味和豐富風味的追求，正是這種飲食的核心理念。

5 種地中海食材
INGREDIENTS

　　在撰寫這類以解決問題為基礎的書時，我總是會把你——讀者，作為我的首要考量，目標是用最言簡意賅的方式手把手引導你，讓日常烹飪變成一件超級有趣的事情。為了保持新鮮感並激發靈感，搭配這本書而出的電視節目帶我們前往地中海幾個不可思議、充滿多元文化和非凡風味的地方。當你往下翻閱這本書時，我希望你也可以真切感受到我近年和過去二十五年來造訪過的地中海國家、城市和島嶼。地中海是一個美麗而多樣的地區，由至少二十二個國家組成（雖然有其他國家宣稱自己也是地中海的一部分）。儘管這些國家各有不同，但它們的共通之處就是擁有這片大海和其美景。所以我根據自己的經驗，盡可能地將地中海更多地方的烹調特色融入本書食譜中。這些只是地中海豐富的飲食文化中的一小部分，但我真心希望你會喜歡這些食譜——它們帶來一場地中海主要食材、風味和組合的真正盛宴。

**一場地中海主要食材、
風味和組合的真正盛宴。**

想要只用五種食材就烹煮出風味滿點的美味食物，必得廚藝純熟、精打細算，懂得變通才行，而這就是我在這本書裡的工作——巧妙地轉化不同料理的精髓，透過在地超市的實際狀況，把它們帶回家裡，最終變成餐桌上的佳餚，進了家人們的轆轆飢腸裡。言下之意，就是要運用常識選擇當地容易取得的食材，所以你會在這些食譜中看到很多關於食材訣竅和提味聖品的介紹，讓你做起料理事半功倍。

信不信由你，現代人開伙的次數是前所未有的少。食品工業以方便為取向，而大部分的人生活都很忙碌，會欣然接受這種趨勢也是可以理解的。因此，這不只是一本值得你信賴的實用食譜書，也是我用簡單易懂、貼近生活的方式來維持烹飪活力所做的努力。在飲食文化裡，「用進廢退」這句話說得很對，我也認為身為人類，我們應該保有烹飪的習慣，維持與食材和農民的連繫，無論身處順境或逆境，都知道如何用美味的餐點滋養自己。再說當我們用自己看得到的食材為心愛的人做菜時，心裡也會有種暖暖的感覺。

我設計這些食譜的主要用意，是讓你可以做出簡單易做的美味食物，不會有一大堆食材、一長串採買清單，或洗不完的鍋碗瓢盆。這本書很適合料理新手，但它跟上一本書的共通點是很多料理能手也會喜歡，因為就算廚藝精湛，他們的時間也總是不夠用，每天都有一堆忙不完的事情要做。

我刻意讓本書版面保持乾淨清爽，作法也盡可能簡潔扼要，每份食譜都有搭配食材圖示，讓你可以立刻上手。這不是一本懷舊作品，而是提供各種簡單又美味的餐點方案，讓你不必大費周章就能輕鬆上桌。我已經盡力幫你先處理掉要動腦筋和麻煩的部分了，希望這對你有幫助，希望你跟我一樣喜歡這些食譜，最重要的是，我希望這些食譜讓你彷彿置身美不勝收的地中海，感受五種食材的料理風格。

傑米・奧利佛

5 大常備調味料
INGREDIENTS PANTRY

就像我近年出版的所有書籍一樣,我會假設你手邊已經備有這五種日常基本材料。它們會不斷出現在每道食譜中,但不會列在每一頁的五大主要食材圖示上。這五大調味功臣分別是用於烹調的橄欖油;用於淋醬和最後裝點的特級初榨橄欖油;用於增添酸味,以及平衡醃料、醬料和淋醬的全能型調味料紅酒醋;當然還有用於完美調味的海鹽和黑胡椒。

實用廚房筆記請見第 300 頁。

沙拉
SALADS

島嶼沙拉
ISLAND SALAD

黏潤水蜜桃、哈羅米乳酪花網和醃黃瓜
STICKY PEACHES, HALLOUMI WEB & PICKLED CUCUMBER

每次我造訪希臘各個小島時，都會從美味的新鮮水果佐哈羅米乳酪沙拉得到靈感，所以我在這道食譜發揮一點小巧思，製作了金黃酥脆的哈羅米乳酪花網，非常美味可口。

分量：2人　｜　時間：15分鐘

1條黃瓜

2張皮塔餅

1罐415克切片水蜜桃罐頭，含汁

120克綜合生菜

60克哈羅米乳酪

　　黃瓜縱向快速削成薄長片，去掉中間的籽，放入大碗中，撒入一撮海鹽和黑胡椒，加入紅酒醋和特級初榨橄欖油各1大匙。將皮塔餅烤過，切成長條，沿著兩個盤子的邊緣擺放。

　　取大的不沾平底鍋放到大火上加熱。水蜜桃瀝乾（把汁留下），大致切塊，然後放入平底鍋中，淋上一些剛才保留的汁，再用黑胡椒調味。將水蜜桃加熱幾分鐘；另一邊將生菜放入調味黃瓜片大碗中一起翻拌，然後盛盤。接著將水蜜桃盛入碗中，用廚房紙巾將平底鍋快速地擦拭一下，再用四面刨絲器細的那一面，將一半的哈羅米乳酪刨到平底鍋表面（像蕾絲花邊的形狀）。將乳酪加熱1-2分鐘，或直到一面呈現金黃色，然後直接倒到其中一個盤子裡，必要時用刮刀把乳酪花網從平底鍋取下。將剩下的乳酪以同樣的步驟加熱，並放到第二個盤子裡。將水蜜桃舀入盤中，直接開吃。

熱量	脂肪	飽和脂肪	蛋白質	碳水化合物	糖	鹽	纖維
361 大卡	15.2 克	6 克	15.9 克	39.8 克	12.3 克	1.3 克	4.1 克

焦香秋葵沙拉
CHARRED OKRA SALAD

炙燒番茄、埃及杜卡綜合香料和中東芝麻醬拌優格
BLISTERED TOMATOES, DUKKAH, TAHINI-RIPPLED YOGHURT

在東地中海區域（Eastern Mediterranean）的市場上，經常看到各種大小和顏色的秋葵。我很喜歡乾烤秋葵，搭配起泡番茄的甜味，就是一道美味的溫沙拉了。

分量：2人 ｜ 時間：12分鐘

250克秋葵

250克熟的混色櫻桃番茄

4大匙天然優格

2大匙中東芝麻醬

滿滿1大匙埃及杜卡綜合香料，另備一些上菜時用

　　切除秋葵莖梗，跟番茄一起放入大火燒熱的橫紋煎鍋中，平鋪一層。煎10分鐘，不時搖動鍋子——你可能需要分批處理。與此同時，將優格盛入上菜盤中，接著將中東芝麻醬加入優格中，然後以海鹽和黑胡椒稍微調味、攪拌一下。待秋葵和番茄燒到焦化、起泡後，小心地倒入大碗中。撒上埃及杜卡綜合香料，淋上2大匙特級初榨橄欖油、一些紅酒醋，然後翻拌並適當調味。將秋葵和番茄舀入盤中後，根據個人喜好撒上額外準備的香料，以及淋上一些特級初榨橄欖油。

熱量	脂肪	飽和脂肪	蛋白質	碳水化合物	糖	鹽	纖維
340 大卡	26.5 克	5.1 克	11.2 克	14.3 克	10.6 克	0.8 克	3.9 克

正宗法國沙拉
A REALLY FRENCH SALAD

芥末炙燒四季豆、山羊乳酪和核桃
MUSTARDY BLISTERED BEANS, GOAT'S CHEESE & WALNUTS

有一次我想自我挑戰,看看自己能不能將這幾種法國經典食材,以令人驚豔的方式結合成一道料理,於是這道沙拉就誕生了──焦香的四季豆、爆漿的乳酪和嗆辣的芥末淋醬。多麼棒啊!

分量:2人,會有多餘的淋醬 | **時間:18分鐘**

160克嫩四季豆

1大匙第戎芥末醬

100克外皮可食的圓形山羊乳酪

20克去殼無鹽核桃仁

60克羊萵苣(lamb's lettuce)

　　取大的不沾平底鍋放到大火上加熱。切除四季豆頭尾,放入鍋中乾煸10分鐘,直到四季豆起泡、變得軟嫩,過程中偶爾翻動。與此同時,將芥末醬、4大匙紅酒醋和4大匙特級初榨橄欖油放入果醬罐中,撒入一大撮海鹽和黑胡椒。蓋上蓋子,搖晃到淋醬乳化為止(我喜歡一次多做一點,剩下的冰在冰箱備用)。將煸到軟嫩的四季豆倒入大碗,舀入2大匙淋醬,翻拌均勻。

　　轉成中火,然後將山羊乳酪從中間切半,切面朝上放入鍋中。將核桃仁剝碎,放入平底鍋中和周邊。待核桃烤到呈現漂亮的金黃色時,用湯匙舀到融化的乳酪上。將乳酪留在鍋中幾分鐘──乳酪會開始融化,邊緣會迸開,形成酥脆的脆片,但中間仍會保持軟潤可口。熄火,靜置1分鐘,同時將羊萵苣和芥末四季豆一起翻拌。將所有食物均分盛兩盤,用煎魚鏟小心地將融化的山羊乳酪盛到沙拉上。

熱量	脂肪	飽和脂肪	蛋白質	碳水化合物	糖	鹽	纖維
295 大卡	25.7 克	8.9 克	10.6 克	4.9 克	3.7 克	0.6 克	3.2 克

原味突尼西亞沙拉
NAKED SALAD TUNISIENNE

多汁成熟番茄、黃瓜、蘋果和新鮮薄荷
JUICY RIPE TOMATOES, CUCUMBER, APPLE & FRESH MINT

我的孩子超愛這道簡易版的突尼西亞沙拉。傳統的突尼西亞沙拉會搭配鮪魚、水煮蛋和橄欖，我覺得這道像是帶有突尼西亞風格的尼斯沙拉（salad niçoise）。把它舀到烤魚上面享用，味道絕佳。

分量：當作配菜4-6人　│　時間：18分鐘

1顆小的紅洋蔥

2顆大的熟李子番茄

1顆青蘋果

1根黃瓜

1把薄荷（30克）

　　對我來說，這道沙拉就是把日常食材仔細切成小丁，就能完成一道美味的料理。將洋蔥去皮、番茄去籽並切成4瓣、蘋果去核，黃瓜切除頭尾，然後將所有食材仔細切成小丁。摘下比較嫩的薄荷葉，留著裝飾用。將剩下的薄荷去莖，切成細末。將所有食材丁混合，淋上3大匙特級初榨橄欖油和2大匙紅酒醋，然後用海鹽和黑胡椒適當調味，最後撒上剛才預留的薄荷葉。搭配溫熱的薄餅吃非常適合。

熱量	脂肪	飽和脂肪	蛋白質	碳水化合物	糖	鹽	纖維
132 大卡	10.3 克	1.4 克	1.5 克	8.7 克	7.6 克	0 克	1.9 克

烤蘆筍
GRILLED ASPARAGUS

特調薩爾莫雷霍醬、伊比利黑蹄火腿和煙燻紅椒粉
SPECIAL SALMOREJO SAUCE, PATA NEGRA & PAPRIKA

薩爾莫雷霍湯是一道口感綿密的西班牙經典冷湯,我以此為靈感做了這道醬料。我把它調得更稠一點,有點像美乃滋,搭配蘆筍、伊比利黑蹄火腿和煙燻紅椒粉,非常好吃。

分量:4人 | **時間:14分鐘**

500克蘆筍

250克混色櫻桃番茄

150克酸種麵包

100克伊比利黑蹄火腿或優質西班牙火腿

煙燻紅椒粉,裝飾用

橫紋煎鍋以大火加熱。摘掉蘆筍末端粗硬的部分,然後放入鍋中,煎到軟嫩、每一面都煎出烙紋的程度,過程中偶爾翻動。與此同時,將番茄放入食物調理機中(我用的是黃色和橙色番茄,但任何的顏色搭配都可以),加入2大匙橄欖油和一撮海鹽和黑胡椒。將麵包皮去掉,用水快速沖一下麵包,把水擠出,然後放入調理機中。接著倒入1茶匙紅酒醋,打到超級滑順,如有需要,可以加一些水稍微稀釋。適當調味之後,將冷醬均分四盤。放上烤過的蘆筍,漂亮地擺上火腿,淋上一些特級初榨橄欖油,撒上煙燻紅椒粉即可上桌。

熱量	脂肪	飽和脂肪	蛋白質	碳水化合物	糖	鹽	纖維
247 大卡	10.7 克	2.3 克	14.4 克	24.4 克	5.7 克	1.8 克	3.7 克

紅寶石布格麥沙拉
RUBY BULGUR SALAD

紅甜椒淋醬、去水優格和綠色蔬菜
RED PEPPER DRESSING, HUNG YOGHURT & GREENS

在地中海沿岸地區很常看到使用布格麥做成的各式料理——像是湯品、燉菜和沙拉。而我喜歡這道料理的一點，是它既可以當作午餐，也可以作為肉類或魚類的配菜，或者直接是餐桌上的一道菜。

分量：4人　│　時間：30分鐘

500克天然優格

300克布格麥

320克季節綠色蔬菜，像是菾蓬菜（chard）、羽衣甘藍、高麗菜

1罐玻璃罐裝烤紅甜椒（460克）

滿滿1茶匙肉桂粉

　　在一個篩網中鋪上幾張廚房紙巾，倒入優格，將紙巾往上拉，輕輕施加壓力，讓優格裡的水分開始滴入碗中。將優格放入冰箱繼續瀝水。與此同時，按照包裝上的說明，將布格麥放入一鍋加了鹽的滾水中煮熟。清洗蔬菜，切除不要的部分、菜莖切碎。將菜莖盛入附有蓋子的濾鍋中，放到煮布格麥的鍋子上蒸。5分鐘後，放入菜葉，再蒸5分鐘，或直到蔬菜剛好變軟。將蔬菜鋪放在一條乾淨的茶巾上，待放涼到可以用手拿時，將蔬菜堆到茶巾中央，包起來，用力擰掉多餘的水分。將蔬菜切碎，適當調味，加入一點特級初榨橄欖油翻拌，放到一旁備用。

　　與此同時，將紅甜椒瀝掉湯汁，放入調理機中，加入肉桂粉，倒入特級初榨橄欖油和紅酒醋各1匙，一起打成淋醬。將布格麥瀝乾，利用餘溫蒸氣再燜5分鐘，然後倒入上菜碗中。倒入淋醬拌勻，然後適當調味。將蔬菜舀到布格麥上，加上幾勺瀝去水分的優格，根據個人喜好淋上一些特級初榨橄欖油。

熱量	脂肪	飽和脂肪	蛋白質	碳水化合物	糖	鹽	纖維
465 大卡	14.1 克	4.7 克	16.7 克	71.2 克	13.1 克	1 克	6.5 克

綿密白豆沙拉
CREAMY WHITE BEAN SALAD

焦香青花、香草醃洋蔥和醋漬鯷魚
CHARRED BROCCOLI, HERBY ONION PICKLE & BOQUERONES

這道食譜使用富含營養、口感綿密的豆子，與焦香的青花筍、爽脆的醃洋蔥，以及酸香的鯷魚形成鮮明對比，這樣的搭配將這道沙拉提升到另一個層次——可以趁熱上桌或放涼再吃，當成小菜、輕食午餐或配菜都很適合。

分量：2人　　時間：20分鐘

½把平葉巴西里（15克）

½顆紅洋蔥

200克青花筍

1罐白腰豆罐頭（400克）

8尾醋漬鯷魚

　　將巴西里葉摘下備用，巴西里的莖切末。洋蔥去皮並切成細末，然後跟巴西里的莖、2大匙紅酒醋，以及一撮海鹽和黑胡椒一起放入碗中。混合均勻，然後放到一旁稍微醃一下。

　　燒開一壺水。取大的不沾平底鍋以大火加熱。切除青花筍末端，切成小朵以後，分批倒入鍋中乾煎，直到變得軟嫩焦香，然後盛入上菜盤中。淋上一些特級初榨橄欖油，用海鹽和黑胡椒適量調味。將白腰豆連同湯汁一起倒入鍋中，加入一些沸騰的開水，小火慢燉，直到豆子變得濃稠綿密，然後將豆子舀到青花筍上。將巴西里葉和一些特級初榨橄欖油加入洋蔥中一起翻拌，然後均勻撒在青花筍和白腰豆上。將醋漬鯷魚從縱向對半切，擺到最上面，根據個人喜好淋上一些特級初榨橄欖油。

熱量	脂肪	飽和脂肪	蛋白質	碳水化合物	糖	鹽	纖維
305 大卡	14.4 克	2.3 克	20.6 克	19.4 克	5.4 克	1.4 克	12.6 克

哈羅米溫沙拉
WARM HALLOUMI SALAD

皺葉苦苣、蒔蘿、哈里薩辣醬和焦糖水蜜桃
FRISÉE LETTUCE, DILL, HARISSA & CARAMELIZED PEACHES

我選用了來自地中海不同地區的主要食材，創造這道非常有趣又很不一樣的溫沙拉——融合甜、酸、鹹、苦的滋味，當主菜或配菜都很適合。

分量：4人　│　時間：12分鐘

2顆成熟水蜜桃

1塊哈羅米乳酪（225克）

1顆皺葉苦苣

½把蒔蘿（10克）

1大匙玫瑰哈里薩辣醬

　　將水蜜桃去核，然後跟哈羅米乳酪一起切成2公分的塊狀。取大的不沾平底鍋倒入2大匙橄欖油，放入水蜜桃和乳酪，以大火煎4分鐘，直到哈羅米乳酪全部變成金黃色。與此同時，摘下皺葉苦苣白色和黃色的部分（深色葉子不好吃，把它丟掉），另外也摘下蒔蘿的葉子。將哈里薩辣醬和1大匙紅酒醋拌入鍋中。將鍋子離火，拌入剛剛摘下的皺葉苦苣和蒔蘿葉子（如果你喜歡爽脆口感的菜葉，也可以先將蔬菜直接盛盤，再盛上乳酪和水蜜桃），適當調味（如果水蜜桃不夠熟，可以加一點蜂蜜增加甜味），上桌。

熱量	脂肪	飽和脂肪	蛋白質	碳水化合物	糖	鹽	纖維
264 大卡	20.8 克	10.4 克	14.3 克	6.1 克	5.2 克	1.8 克	0.3 克

西瓜沙拉
WATERMELON SALAD

濃郁莫札瑞拉乳酪、西洋芹、甜茴香和櫻桃番茄
CREAMY MOZZARELLA, CELERY, FENNEL & CHERRY TOMATOES

這道超級簡單的活力沙拉靈感來自薩丁尼亞，它提升了西洋芹和甜茴香的優雅滋味，同時融合甜甜的西瓜和莫札瑞拉乳酪，既清爽又美味。

分量：當作主菜4人，當作配菜6人 │ 時間：15分鐘

1株西洋芹

1顆甜茴香，盡量選頂端帶有葉子的

250克混色櫻桃番茄

¼顆西瓜（800克）

2球水牛莫札瑞拉乳酪（各125克）

　　剝掉西洋芹外層的葉柄（留著改天再用），摘下並保留裡面淡黃色的葉子。將西洋芹剩下的部分切成細絲，放入碗中。將甜茴香切除不要的部分，保留頂端的葉子，剩下的部分切成細絲，櫻桃番茄對半切或切成4瓣，連同甜茴香一起放入剛才的碗中。將西瓜去皮，剔掉大顆的籽，然後切成2公分的小丁，放入剛才的碗中。在碗裡加入一撮海鹽和黑胡椒，以及特級初榨橄欖油和紅酒醋各2大匙，將所有食材翻拌均勻。將沙拉均分盛盤，或全部盛入一個大盤子中，然後將湯汁舀入盤中。撒上捏碎的莫札瑞拉乳酪，額外再加一些黑胡椒調味，最後撒上剛才保留的芹菜葉和甜茴香葉（如果有甜茴香葉）。

熱量	脂肪	飽和脂肪	蛋白質	碳水化合物	糖	鹽	纖維
197 大卡	12.6 克	6 克	9.3 克	12.6 克	12.5 克	0.7 克	0.5 克

焦香球芽甘藍
CHARRED BRUSSELS

奶香淋醬、烤麵包丁和帕馬森乳酪刨片
CREAMY DRESSING, CROUTONS & SHAVED PARMESAN

這道料理做起來既有趣又美味。我用的是球芽甘藍,但你也可以用同樣的焦化作法來料理其他地中海蕓薹屬蔬菜,像是青花筍、羽衣甘藍、花椰菜,以及寶塔花椰菜(也稱為羅馬花椰菜)。

分量:4人 │ 時間:25分鐘

500克球芽甘藍

50克帕馬森乳酪,另備一些上菜時用

250克希臘優格

½顆檸檬

2片厚切酸種麵包

　　球芽甘藍切除蒂頭並對半切,放入大的不沾平底鍋,以中火乾煎15分鐘,直到外表焦化、裡面軟嫩並冒出蒸氣,然後倒到砧板上。與此同時,將大部分的帕馬森乳酪刨成細末,連同檸檬汁一起拌入希臘優格中。用海鹽和黑胡椒調味,然後舀入上菜盤中。

　　平底鍋以中大火加熱。將麵包切成1公分的小丁,放入鍋中,淋上一些橄欖油,烤4分鐘,直到呈現金黃色,烤到最後幾秒時,將剩下的乳酪刨到麵包丁上,過程中偶爾翻動。將烤麵包丁和球芽甘藍擺到優格上,撒上另外準備的帕馬森乳酪刨片,淋上一些特級初榨橄欖油,食用前再拌在一起。

熱量	脂肪	飽和脂肪	蛋白質	碳水化合物	糖	鹽	纖維
298 大卡	9.4 克	5.1 克	19 克	36.5 克	6.4 克	0.8 克	4.7 克

精緻無花果沙拉
FANCY FIG SALAD

茅屋乳酪、伊比利黑蹄火腿和蜂蜜杜卡帕林碎糖
COTTAGE CHEESE, PATA NEGRA & HONEY DUKKAH PRALINE

遊歷地中海的喜悅激發了我的靈感，於是我將埃及杜卡綜合香料、傳統西班牙火腿、無花果和蜂蜜等經典風味融合在一起，做出令人驚豔的美味料理。

分量：2人　｜　時間：20分鐘

4大匙液體蜂蜜

2大匙埃及杜卡綜合香料

1盒茅屋乳酪（250克）

4顆熟透的無花果

50克伊比利黑蹄火腿或優質西班牙火腿

　　將蜂蜜倒入平底鍋中，以中火煮約3分鐘，直到蜂蜜冒泡，呈現深金色的焦糖色──請不要攪拌、嚐味道或去摸它，只要偶爾輕輕轉一下鍋子即可。與此同時，在一張防油紙上抹上薄薄一層油，在15公分x15公分的面積內撒上杜卡綜合香料，然後小心地將焦糖化的蜂蜜倒到上面，讓它自然定型、冷卻。（在鍋內倒入2.5公分深的水，蓋上鍋蓋燜煮5分鐘，就能輕鬆清洗鍋子。）完全冷卻後，取下蜂蜜杜卡糖，放入研缽中搗成碎末。

　　將茅屋乳酪分成兩盤，放入切成4瓣的無花果，周圍擺上伊比利黑蹄火腿。撒上幾撮蜂蜜杜卡帕林碎糖（剩下的密封保存，改天再用），最後淋上特級初榨橄欖油。

PS

如果不想要做蜂蜜焦糖，也可以用芝麻脆片[2]代替蜂蜜，跟杜卡綜合香料一起搗成碎末。

2　芝麻脆片（sesame snap）是由白芝麻和蜂蜜等材料製成的薄脆點心。──譯者註

熱量	脂肪	飽和脂肪	蛋白質	碳水化合物	糖	鹽	纖維
327 大卡	10.9 克	5.9 克	25.8 克	30.6 克	26.3 克	1.7 克	6.2 克

烤法圖什沙拉
GRILLED FATTOUSH SALAD

甜洋蔥、皮塔餅、黃瓜和鹽膚木淋醬
SWEET ONION, PITTA BREAD & CUCUMBER, SUMAC DRESSING

法圖什是一道低調的黎巴嫩沙拉，我則喜歡把它做點變化，將黃瓜、洋蔥和皮塔餅烤到焦香，然後拌入鮮美的鹽膚木淋醬，讓沙拉的味道更加豐富。

分量：4人 | 時間：25分鐘

滿滿1大匙鹽膚木粉

3顆紅洋蔥

2根黃瓜

320克混色櫻桃番茄

4張皮塔餅

　　橫紋煎鍋以大火加熱。將5大匙特級初榨橄欖油和2大匙紅酒醋倒入淺口大碗中，加入一撮海鹽和黑胡椒調味，再拌入鹽膚木粉，放到一旁備用。洋蔥去皮，切成1公分寬的圈狀，放入鍋中烤，直到兩面軟嫩焦香，然後用料理夾直接夾入調料中。

　　與此同時，將黃瓜大致削皮，從縱向對剖，用茶匙把籽刮除，然後從橫向切成兩半（方便放入鍋中）。待煎鍋裡騰出空間，將黃瓜鋪到上面烤，直到兩面都烤出漂亮的烤痕。將黃瓜放到砧板上，切成粗片，然後放入調料大碗中。將番茄切成4瓣，加入碗中。將皮塔餅切成1.5公分寬的長條，放入煎鍋裡烤，然後放入剛才的碗中。將所有的食材適當調味，翻拌均勻之後立即上桌。

熱量	脂肪	飽和脂肪	蛋白質	碳水化合物	糖	鹽	纖維
383 大卡	18.6 克	2.6 克	9.1 克	43.5 克	13.4 克	1 克	8.2 克

香煎魷魚沙拉
SEARED SQUID SALAD

香脆碎培根、醬拌菊苣和烤大蒜麵包
CRISPY BACON BITS, DRESSED CHICORY & GARLICKY TOASTS

吃沙拉不一定就是單調無聊。對我來說，這道沙拉做起來超級好玩，既令人興奮又快速——鋪上滿滿培根和魷魚的海陸雙拼長棍麵包，好像一片飄浮在菜葉之海裡的巨大麵包片。

分量：2人 | 時間：12分鐘

2片煙燻五花培根

2瓣大蒜

300克整隻魷魚，洗淨、去除內臟

½根小的鄉村長棍麵包（100克）

2顆綠菊苣

　　培根切成細絲，大蒜去皮、切片。取大的不沾平底鍋倒入1大匙橄欖油，放入培根，以大火煎2分鐘，煎到一半時加入大蒜，過程中不時翻動。加入魷魚和一撮黑胡椒，再煎2分鐘，直到魷魚變得軟嫩。將魷魚取出，切成0.5公分寬的圈狀，魷魚腳粗略切碎，然後放回鍋中一起拌炒。將長棍麵包斜切成片，魷魚推到鍋子的一邊，再將麵包片放入鍋中，烤到兩面呈現金黃色，並吸附鍋裡美味的蒜味湯汁。

　　與此同時，切除菊苣根部，剝下葉片，淋上特級初榨橄欖油和紅酒醋各1大匙，然後適當調味。調味過的菊苣均分盛盤，將魷魚和脆培根鋪在烤熱的麵包片上，然後放到菊苣上。

熱量	脂肪	飽和脂肪	蛋白質	碳水化合物	糖	鹽	纖維
414 大卡	18.8 克	3.5 克	30.6 克	31.9 克	2.3 克	1.2 克	1.4 克

焦香碎沙拉
CHAR & CHOP SALAD

成熟番茄、新鮮蒔蘿、大蒜、辣椒和薄餅
RIPE TOMATOES, FRESH DILL, GARLIC, CHILI & FLATBREADS

這道料理發想自巴勒斯坦加薩沙拉（Gazan dagga），我喜歡將番茄切碎、煮到焦香，然後大膽使用蒔蘿和調味料，就能將平凡的食材變成不平凡的料理。

分量：4人　|　時間：30分鐘

500 克自發麵粉[3]，另備一些防沾黏用　　　800 克熟的混色番茄

6 瓣大蒜　　　　　　　　　　　　　　　1 把蒔蘿（20 克）

3 根混色辣椒

　　麵粉放入碗中，加入一撮海鹽，然後慢慢倒入 300 毫升的水，並一邊用叉子攪勻。接著將麵團移至撒了一些麵粉的檯面上，揉幾分鐘，直到麵團變得光滑，然後蓋起麵團靜置。取大的不沾平底鍋以大火加熱。大蒜去皮、切半，辣椒切半（想要的話可以去籽），一起放入鍋中。將番茄加入鍋中（比較大顆的要切半），煮到稍微焦化，然後把鍋裡的所有食材放到大砧板上──你可能需要分批處理。

　　麵團切成四份。每份麵團逐一擀成 30 公分的圓形麵餅，邊擀邊撒些麵粉，邊緣向內摺起。將麵餅放入大的不沾平底鍋中，以大火烤到兩面呈現金黃色並膨起。將剩下的麵餅以同樣的步驟烤完，烤好的薄餅用乾淨的茶巾蓋好保溫，等到要用時再掀開。將煮到焦香的大蒜和辣椒切碎，接著將大部分的蒔蘿連莖一起放進來切，最後將番茄也加進來切。一邊切碎一邊混合攪拌至你想要的大小、稠度，然後用海鹽、黑胡椒、2 茶匙紅酒醋，以及 2 大匙特級初榨橄欖油適當調味。放到薄餅上面，擺上剩下的蒔蘿。

---

3 自發麵粉（self-raising flour）是已經混合發粉和鹽的麵粉。──譯者註

熱量	脂肪	飽和脂肪	蛋白質	碳水化合物	糖	鹽	纖維
511 大卡	8.3 克	1.2 克	13.1 克	102.2 克	8.2 克	1.7 克	6.3 克

莫札瑞拉沙拉
MOZZARELLA SALAD

生櫛瓜、脆酸豆、檸檬和辣椒
RAW COURGETTES, CRISPY CAPERS, LEMON & CHILLI

這道義式快速沙拉能夠完美呈現櫛瓜的美味，搭配檸檬和辣椒這兩種絕佳風味拍檔非常合拍。脆酸豆增添溫暖有趣的層次，加上莫札瑞拉乳酪絕對不會出錯。

分量：4人　|　時間：10分鐘

2大匙嫩酸豆（包含鹽水）

2條硬脆的混色櫛瓜

2顆檸檬

2根辣度溫和的紅辣椒

2球水牛莫札瑞拉乳酪（各125克）

　　取小的不沾平底鍋以中火加熱。熱鍋後，倒入一點橄欖油，放入酸豆，炒到香脆。另一邊將櫛瓜刨成粗絲，放到乾淨的茶巾中央。將茶巾邊緣拉起變成一束，用力擰出多餘的水分，然後將櫛瓜放到上菜碗中。將1顆檸檬的皮刨屑加入碗中，再將2顆檸檬的汁都擠入碗中。將辣椒切碎或切片並加入混合物中。淋上2大匙特級初榨橄欖油，翻拌均勻，然後適當調味。將莫札瑞拉乳酪撕碎鋪在沙拉上，舀入脆酸豆，再撒上一撮黑胡椒，即可上桌。這道沙拉單吃就很美味，也可以在旁附上幾片脆麵包。

熱量	脂肪	飽和脂肪	蛋白質	碳水化合物	糖	鹽	纖維
234 大卡	19 克	9.5 克	13 克	3.6 克	2.9 克	0.9 克	1 克

湯品和三明治
SOUPS & SARNIES

綠色加斯帕喬冷湯
GREEN GAZPACHO

黃瓜、青椒、巴西里和開心果
CUCUMBER, PEPPER, PARSLEY & PISTACHIOS

這道風味十足、味道鮮美的活力湯品，是西班牙最受歡迎的加斯帕喬（Gazpacho）番茄冷湯的變化版，一定會讓你一喝就愛上它。它很適合當成輕食午餐、前菜、晚餐，或單純當成一道點心享用。

分量：4人　｜　時間：15分鐘

½個拖鞋麵包（Ciabatta，也稱為巧巴達）（135克）

1把平葉巴西里（30克）

100克去殼的無鹽開心果

1根黃瓜

2顆青椒

　　切下8片拖鞋麵包薄片，烤到金黃色。將剩下的麵包撕碎，放入調理機中。其他食材每種都留一點做裝飾用。摘下巴西里葉，跟開心果一起放入調理機中；黃瓜切碎，青椒去掉籽和蒂頭後剝塊，均放入調理機中。

　　將200毫升冷水，以及特級初榨橄欖油和紅酒醋各3大匙倒入調理機中，然後用海鹽和黑胡椒調味。攪打均勻，加入300克冰塊，繼續攪打到質地絲滑為止——你可能需要分批處理。如有需要，可以邊嚐邊調整味道。撒上剛才預留的食材做裝飾（依個人喜好食材整塊放上，或切碎後再撒上均可），根據個人喜好淋上一些特級初榨橄欖油，多加一到兩顆冰塊也很不錯。旁邊擺上酥脆的烤麵包，上桌。

熱量	脂肪	飽和脂肪	蛋白質	碳水化合物	糖	鹽	纖維
244 大卡	14.9 克	2.1 克	6.8 克	21.6 克	4.6 克	0.8 克	2.3 克

烤麵包佐白腰豆
BUTTER BEANS ON TOAST

香脆喬利佐香腸、新鮮巴西里和濃郁紅甜椒醬
CRISPY CHORIZO, FRESH PARSLEY & TANGY PEPPER SAUCE

這道充滿活力的料理製作快速、風味絕佳,充分展現西班牙簡單的烹飪風格。飽滿綿密的白腰豆是主角,搭配喬利佐香腸和紅甜椒醬,滋味絕妙。

分量:4人　│　時間:18分鐘

1罐玻璃罐裝烤紅甜椒(460克)

½把平葉巴西里(15克)

1根小長棍麵包(200克)

1罐玻璃罐裝大白腰豆(700克),或2罐白腰豆罐頭(各400克)

170克喬利佐香腸(或稱西班牙肉腸)

　　將烤紅甜椒和1大匙罐子裡的湯汁放入調理機中。摘下並保留巴西里上半部帶葉子的部分,將莖和1大匙特級初榨橄欖油放入調理機中。攪打到滑順,然後用海鹽和黑胡椒適當調味。將長棍麵包切成8片,烤到金黃色。不沾平底鍋用大火加熱。白腰豆連同湯汁一起倒入鍋中,煮滾,繼續煮到收汁,直到豆子變得如奶油般綿密,過程中不時攪拌。

　　與此同時,將喬利佐香腸切成0.5公分厚片狀,放入另一個不沾平底鍋中,以中大火煎到金黃香脆,過程中隨時翻動——香腸很快就會煎熟。將紅甜椒醬分成四盤,或全部盛入一個上菜盤中,把烤麵包放在醬料上,接著將熱騰騰的豆子舀到麵包上。將喬利佐香腸和它的辣汁舀到豆子上。巴西里葉淋上一點特級初榨橄欖油和紅酒醋,翻拌一下,然後撒到上面即可。

熱量	脂肪	飽和脂肪	蛋白質	碳水化合物	糖	鹽	纖維
468 大卡	17.5 克	4.3 克	23.2 克	53.5 克	9.1 克	1.1 克	9.5 克

簡易馬賽魚湯
SIMPLE MARSEILLES FISH SOUP

鯛魚、甜茴香和番茄湯、溫熱脆皮麵包和蒜味美乃滋
BREAM, FENNEL & TOMATO BROTH, WARM CRUSTY BREAD & GARLIC MAYO

當你得到一尾漂亮的全魚時，不用複雜的烹調就可以帶出魚的鮮美滋味。這個料理方法將整尾鯛魚用到淋漓盡致，料理出的魚片細緻軟嫩，魚湯濃郁令人齒頰留香。

分量：2人　│　時間：45分鐘

1大顆甜茴香，盡量選頂端帶有葉子的

600克熟番茄

1尾整尾鯛魚（400克），去除魚鱗、內臟和魚鰓

1條小的長棍麵包（200克）

2大匙蒜味美乃滋

　　切除甜茴香不要的部分，但保留頂端葉子，並泡入一碗冷水中。將甜茴香的外層剝下並粗略切碎，裡面的嫩芯盡量切成極細薄片。將薄片放入剛才的冷水中，其他部分放入大而淺的法國砂鍋（Casserole）中，倒入2大匙橄欖油，以中大火煮10分鐘，直到甜茴香開始焦糖化，過程中不時攪拌。

　　將番茄粗略切碎，放入鍋中，然後倒入500毫升的水。煮滾後，將魚鋪在上面，蓋上鍋蓋，燜煮10分鐘，煮到一半時將魚翻面。魚煮熟後取出放到盤子中，稍微放涼，然後用2支叉子將魚菲力從魚骨上分離，丟掉魚皮和魚鰭。將所有魚骨和魚頭放回鍋中，以大火滾煮5分鐘。然後小心地將鍋中所有食材倒入調理機中，打到滑順，以充分擷取魚的營養和風味，並適當調味。如有需要，可以根據個人喜好加一些水調整湯的濃度。用粗篩網將湯過篩到溫熱的湯碗中。將泡水的甜茴香瀝乾，淋上一些特級初榨橄欖油和紅酒醋調味。將湯配上烤麵包、一勺蒜味美乃滋、魚片和調味過的甜茴香。根據個人喜好淋上一些特級初榨橄欖油！

熱量	脂肪	飽和脂肪	蛋白質	碳水化合物	糖	鹽	纖維
641 大卡	22.3 克	2.7 克	35.3 克	76.3 克	12.4 克	1.7 克	11.2 克

烤麵包佐番茄
TOMATOES ON TOAST

香草山羊乳酪和酥脆煙燻杏仁
HERBY GOAT'S CHEESE & CRUNCHY SMOKY ALMONDS

將鑲了奶味香草餡料的番茄塞入鄉村長棍麵包，搭配美妙的番茄沾醬一起享用，這道低調的料理透過法式風格展現時令番茄的美味。

分量：2人　｜　時間：30分鐘

4顆熟透的圓番茄（室溫）

20克煙燻杏仁

4枝皺葉巴西里

70克山羊乳酪

1條小鄉村長棍麵包（200克）

　　用刀尖小心地將每顆番茄頂端蒂頭切除，放入滾水中燙50秒。取出番茄瀝乾，用冷水沖洗，然後小心地剝除外皮。用手固定番茄，用茶匙將番茄逐一挖空。將挖出來的內瓤放入架在碗上的粗篩網中，擠壓過篩入碗，加入一點紅酒醋，然後用海鹽和黑胡椒適當調味。

　　將大部分的煙燻杏仁放入研缽中搗成細末。摘下巴西里上半部帶葉子的部分，放入一碗冰水中。將巴西里的莖切成細末，跟山羊乳酪一起加入搗碎的杏仁中，然後混合均勻，可以加一些水稍微稀釋餡料。將長棍麵包從縱向對半切，烤到略呈金黃。與此同時，將乳酪餡料舀入三明治袋中，剪掉袋子尖端，將餡料擠入挖空的番茄中。在烤麵包裡面淋上特級初榨橄欖油，將番茄逐一放在下面那片麵包上。將泡在水裡的巴西里瀝乾，拌入一點油，然後撒在番茄上。將剩下的杏仁切成碎末，撒在上面。蓋上另一半麵包，然後將夾了料的麵包切段。搭配剛才用番茄內瓤調製好的番茄沾醬一起上桌，蘸著來吃。

熱量	脂肪	飽和脂肪	蛋白質	碳水化合物	糖	鹽	纖維
469大卡	16.3克	5.9克	18克	60.6克	9.4克	1.3克	5.8克

蘑菇湯
MUSHROOM SOUP

波紋酸奶油、香脆蘑菇
SOUR CREAM RIPPLE, CRISPY MUSHROOMS

這道料理靈感來自小而偉大的蒙特內哥羅（Montenegro），這裡的烹飪方式可以充分帶出在地新鮮食材的風味與特色。這款色澤深沉的美味湯品以兩種令人興奮的方式運用蘑菇。

分量：4人 │ **時間：30分鐘**

4瓣大蒜

300克冷凍蔬菜丁（洋蔥、胡蘿蔔和西洋芹）

750克栗子蘑菇（chestnut mushroom）

1公升雞高湯或蔬菜高湯

4大匙酸奶油

　　烤箱預熱至180°C。大蒜去皮，切成薄片。取大的法國砂鍋（Casserole）倒入2大匙橄欖油，放入大蒜和冷凍蔬菜丁，以中大火炒幾分鐘。另一邊將500克蘑菇切片，與一撮黑胡椒一起加入鍋中，煮10分鐘，直到呈現金黃色，然後倒入高湯，續煮10分鐘。與此同時，將剩下的250克蘑菇切片（切出漂亮的剖面，切除的邊角加入湯中），放入烤盤中，淋上橄欖油，撒上一撮海鹽和黑胡椒，放進烤箱烤15分鐘，直到金黃香脆。

　　煮好之後，將湯用手持攪拌器攪打到自己喜歡的稠度，然後適當調味。將湯等量分盛至溫熱的湯碗中，在每碗湯上用一大匙酸奶油畫出波紋，擺上香脆蘑菇，根據個人喜好淋上一些特級初榨橄欖油。

熱量	脂肪	飽和脂肪	蛋白質	碳水化合物	糖	鹽	纖維
189 大卡	13.2 克	3.5 克	10.9 克	5.8 克	4.1 克	0.8 克	3.8 克

豪華番茄麵包
EPIC TOMATO BREAD

香脆大蒜和喬利佐香腸、融化曼切格乳酪
CRISPY GARLIC & CHORIZO, MOLTEN MANCHEGO

我用這道食譜歌頌一道經典的西班牙料理組合，不過我的搭配方式不是一般的傳統作法。這道餐點做起來超級有趣，嚐起來美味無比，非常適合當作午餐或小菜（tapas）。

分量：4人 | **時間：15分鐘**

100克喬利佐香腸（西班牙肉腸）

4瓣大蒜

1個拖鞋麵包（270克）

400克成熟的混色櫻桃番茄

100克曼切格乳酪

　烤箱預熱至180℃。將喬利佐香腸切片，大蒜去皮、切成薄片，一起放入大的耐烤不沾平底鍋中，倒入1大匙橄欖油翻拌一下，然後放入烤箱烤6分鐘，直到呈現金黃色並開始焦糖化。小心地將拖鞋麵包從縱向對半切，放在旁邊一起烤熱。與此同時，將一半的番茄放入調理機中，加入1大匙紅酒醋和2大匙特級初榨橄欖油，用海鹽和黑胡椒調味，攪打均勻，然後用粗篩網過篩入碗。將剩下的番茄切成4瓣，淋上一些特級初榨橄欖油、海鹽和紅酒醋拌勻。粗刨曼切格乳酪。

　拖鞋麵包鬆軟的一面朝上放到砧板上面，抹上番茄醬料，撒上調味過的番茄，鋪上喬利佐香腸和大蒜。將鍋中大部分剩下的油舀入果醬罐中（留著改天再用），然後立刻將乳酪撒到熱鍋中，利用餘溫讓乳酪融化成喬利佐乳酪醬。直接將乳酪醬倒到麵包上，盡量倒得均勻一些（你的客人會為之瘋狂！），將麵包切塊，上桌。

熱量	脂肪	飽和脂肪	蛋白質	碳水化合物	糖	鹽	纖維
507 大卡	31.8 克	10.7 克	19.5 克	35.1 克	7.3 克	2.5 克	3.4 克

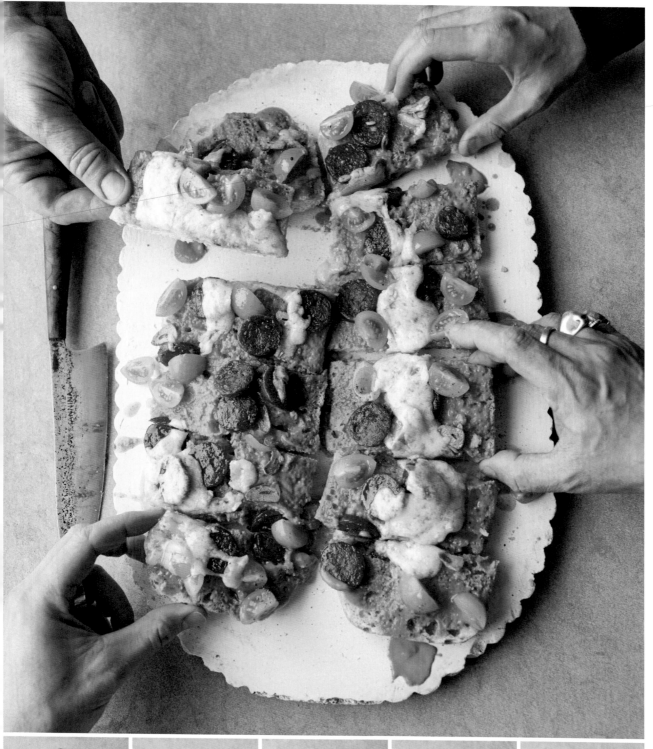

酥脆沙丁魚烤麵包
CRISPY SARDINE TOASTS

速成醃紫高麗菜、新鮮辣椒和醃甜茴香籽
QUICK RED CABBAGE, FRESH CHILLI & FENNEL SEED PICKLE

我喜歡這道伊斯坦堡風格的簡易沙丁魚烤麵包，烤得滋滋作響、香香酥酥，沙丁魚的味道完全融入麵包裡面。搭配冰冰脆脆的速成醃菜，就是一盤帶來純然幸福感受的料理。

分量：4人 | **時間：15分鐘**

滿滿1大匙甜茴香籽

¼顆紫高麗菜（320克）

1-2根混色辣椒

1個拖鞋麵包（270克）

12條新鮮沙丁魚，去鱗、去除內臟，從腹部剖開、攤平

　　將甜茴香籽放入大的不沾平底鍋中，以中火烤1分鐘，倒入2大匙橄欖油，炒1分鐘，然後倒入大碗中。將紫高麗菜和辣椒切成細絲，放入剛才的碗中，加入4大匙紅酒醋和一大撮海鹽和黑胡椒拌勻。放到一旁快速醃漬。

　　小心地將拖鞋麵包從縱向對半切，淋上橄欖油，然後將每一半各切成6片。將沙丁魚攤開，肉面朝下用力壓在每片拖鞋麵包鬆軟的面上。橫紋煎鍋或不沾平底鍋以大火加熱，將壓上沙丁魚的麵包魚肉朝下放入鍋中，每面煎2分鐘，直到金黃酥脆——需要分批處理。每份疊放3片沙丁魚烤麵包，撒上醃紫高麗菜、辣椒和甜茴香籽即可上桌。

熱量	脂肪	飽和脂肪	蛋白質	碳水化合物	糖	鹽	纖維
462 大卡	18.9 克	4.1 克	37.9 克	38.2 克	4.9 克	1.6 克	4.2 克

烤番茄湯
BAKED TOMATO SOUP

甜椒、拖鞋麵包、瑞可塔乳酪、大蒜
SWEET PEPPERS, CIABATTA, RICOTTA, GARLIC

麵包濃湯在義大利各地都很常見，但我覺得最特別的是烤過的版本——這是家裡人人都會喜歡的湯品，喝了讓人覺得溫暖、舒服又滿足。

分量：6人 | **時間：1小時**

3顆混色甜椒

3瓣大蒜

3罐李子番茄罐頭（各400克）

1個拖鞋麵包（270克，使用乾掉的硬麵包）

250克瑞可塔乳酪

　　烤箱預熱至180℃。甜椒去籽、切成2公分的塊狀。取大的法國砂鍋倒入2大匙橄欖油，放入甜椒、一撮海鹽和黑胡椒，以中火加熱。大蒜去皮、切成薄片，加入鍋中，然後轉成小火，煮20分鐘，直到甜椒變得柔軟香甜，過程中要經常攪拌，必要時可以加一些水。用乾淨的雙手將番茄揉碎到鍋中，倒入2個罐頭的水量，煮滾。另一邊將拖鞋麵包切成1公分厚的薄片，拌入湯中，再將瑞可塔乳酪舀入湯中，然後放入烤箱烤25分鐘，直到表面酥脆、邊緣冒泡。適當調味，將湯等量分盛至溫熱的湯碗中，根據個人喜好淋上一些特級初榨橄欖油。

熱量	脂肪	飽和脂肪	蛋白質	碳水化合物	糖	鹽	纖維
288 大卡	12.8 克	5.1 克	12 克	31.6 克	13.3 克	0.8 克	4.8 克

香腸三明治
SAUSAGE SANDWICH

甜椒鑲曼切格乳酪和酸豆橄欖醬
MANCHEGO-STUFFED PEPPERS & OLIVE TAPENADE

不用是天才也能明白柔軟的麵包夾著金黃酥脆的香腸,以及烤到甜美焦香、鑲著爆漿曼切格乳酪和芬芳酸豆橄欖醬的甜椒,無論什麼時候品嘗都是美味無比。盡情享用吧!

分量:4人 | **時間:18分鐘**

4個布里歐許麵包(brioche bun)

6根香腸(總共400克)

4顆大的罐裝烤紅甜椒(整顆)

80克曼切格乳酪

4茶匙酸豆黑橄欖醬

　　布里歐許麵包橫切成兩半,放入大的不沾平底鍋中,以中大火快速烤一下,然後放到一旁備用。將香腸肉從腸衣中擠到碗中,用沾溼的雙手將香腸肉分成4份,壓成1公分厚的肉排。平底鍋倒入1大匙橄欖油,放入肉排,每面煎2分鐘,直到金黃熟透,然後盛盤。與此同時,將甜椒瀝乾,曼切格乳酪切成4片(去掉外皮)。小心地將曼切格乳酪片鑲入甜椒中,放入鍋中煎,直到乳酪開始融化流出,過程中偶爾翻動。

　　將每份麵包底部那片抹上1茶匙酸豆橄欖醬,放上香腸肉排,擺上鑲了曼切格乳酪的甜椒,蓋上上面那片麵包,就可以開吃了。

熱量	脂肪	飽和脂肪	蛋白質	碳水化合物	糖	鹽	纖維
577 大卡	32.1 克	11.6 克	26.3 克	44.1 克	10.1 克	2.6 克	3.1 克

美味鷹嘴豆湯
TASTY CHICKPEA SOUP

綜合香料、李子番茄、綜合義大利麵
MIXED SPICE, PLUM TOMATOES, BROKEN ODDS & ENDS PASTA

摩洛哥有一道類似的湯品叫哈里拉濃湯（harira），通常是在齋戒月禁食後的第一道食物。這是一碗你理想中的好湯——喝起來既飽足又舒服，而且只要用簡單的食材就能製作。

分量：4人　｜　時間：35分鐘

300克冷凍蔬菜丁（洋蔥、胡蘿蔔和西洋芹）

滿滿1茶匙綜合香料，另備一些上菜時用

1罐玻璃罐裝鷹嘴豆（700克），或2罐鷹嘴豆罐頭（各400克）

2罐李子番茄罐頭（各400克）

200克各種隨機剩下的乾燥義大利麵

　　取大深鍋倒入1大匙橄欖油，加入冷凍蔬菜丁和綜合香料，以中火煮10分鐘，直到呈現金黃色，過程中經常攪拌。將鷹嘴豆連同湯汁一起倒入鍋中，用乾淨的雙手將番茄揉碎到鍋中，然後倒入2個罐頭的水量和義大利麵，把較大塊的義大利麵掰碎。煮滾後，轉成小火慢煮20分鐘，直到變稠、收汁，過程中偶爾攪拌、搗碎，如有需要，可以加一些水。用海鹽和黑胡椒適當調味，根據個人喜好淋上一些特級初榨橄欖油，撒上一撮另外準備的綜合香料即可上桌。

熱量	脂肪	飽和脂肪	蛋白質	碳水化合物	糖	鹽	纖維
383 大卡	7.3 克	1 克	16 克	65.8 克	10.4 克	0.3 克	8.8 克

奧利佛式地中海熱三明治
MY HOT MED SARNIE

多汁雞肉、烤紅甜椒、青醬和黑橄欖
JUICY CHICKEN, ROASTED RED PEPPERS, PESTO & BLACK OLIVES

將麵包放入鍋中吸收美味的湯汁，烤到輕盈酥脆，然後抹上青醬，夾入滿滿的地中海美味食材，絕對是超乎尋常的美妙滋味。

分量：2人　｜　時間：16分鐘

4 片去皮去骨雞腿排

1 條小鄉村長棍麵包（200克）

1 顆大的罐裝烤紅甜椒

8 顆帶核黑橄欖

2 大匙熱那亞青醬或普羅旺斯青醬[4]

　　雞腿排對半切，用海鹽和黑胡椒調味。取大的不沾平底鍋倒入 ½ 大匙橄欖油，放入雞腿排，以中火煎 15 分鐘，直到金黃熟透，過程中不時翻動。將長棍麵包從縱向對半切，放入鍋中，快速烤一下並吸收美味的湯汁。將甜椒瀝乾，從縱向切成條狀，將橄欖去核、撕碎，跟甜椒一起放入鍋中煮幾分鐘，過程中偶爾翻拌。長棍麵包下面那片抹上厚厚一層青醬，將雞肉、甜椒和橄欖堆到上面，蓋上上面那片麵包，將麵包往下壓，切段，然後大快朵頤，好好享用。

4　在臺灣一般所稱的青醬（pesto）其實是熱那亞青醬，是北義大利所使用的傳統青醬，裡面含有松子。普羅旺斯青醬（pistou）則是法國普羅旺斯地區的青醬，不含松子，或用其他堅果代替松子。——譯註

熱量	脂肪	飽和脂肪	蛋白質	碳水化合物	糖	鹽	纖維
610 大卡	22.9 克	4.9 克	41.8 克	57.5 克	6 克	1.8 克	4.3 克

義大利麵
PASTA

希臘─賽普勒斯義大利麵
GREEK-CYPRIOT PASTA

米型麵、新鮮番茄、巴西里和哈羅米乳酪
ORZO, FRESH TOMATO, PARSLEY & HALLOUMI

我的希臘裔賽普勒斯姊妹喬吉（Georgie）介紹給我這道料理組合，它為我們的廚房餐桌帶來一縷陽光──孩子們都好喜歡這道菜餚！你可以隨意搭配任何美味的季節時蔬。

分量：2人 │ 時間：26分鐘

600克大顆熟番茄

2瓣大蒜

½把平葉巴西里（15克）

200克乾燥米型麵

40克哈羅米乳酪

　　番茄切半，肉面貼著四面刨絲器細的那一面磨入盤子中，皮和殘留在刨絲器上的籽丟掉。將大蒜去皮、切片。取大的不沾平底鍋倒入2大匙橄欖油，加入大蒜，以中火煎3分鐘，直到略呈金黃色。與此同時，摘下一些漂亮的巴西里葉，留下來裝飾用。將剩下的巴西里連莖一起切成細末，加入鍋中，煮2分鐘，然後將番茄和500毫升的水倒入鍋中。煮滾幾分鐘，加入米型麵，續煮14分鐘，直到米型麵剛好變軟、醬汁變稠，過程中要經常攪拌，如有需要，可以加入一些水稍微稀釋。將大部分的哈羅米乳酪刨成粗絲，拌入米型麵中，嚐一下味道，用海鹽和黑胡椒適當調味。將剩下的乳酪刨碎至麵上，撒上巴西里葉，根據個人喜好淋上一些特級初榨橄欖油。

熱量	脂肪	飽和脂肪	蛋白質	碳水化合物	糖	鹽	纖維
559 大卡	19.7 克	5.6 克	18.9 克	80.3 克	10.1 克	0.6 克	5.7 克

檸檬芝麻菜蝴蝶麵
LEMONY ROCKET FARFALLE

碎開心果、帕馬森乳酪和特級初榨橄欖油
SMASHED PISTACHIOS, PARMESAN & EXTRA VIRGIN OLIVE OIL

我在西西里島看過幾種美味無比的義大利麵醬，這些醬料使用開心果、在地乳酪和芝麻菜等各種香草製成——最後加入檸檬，味道鮮美濃郁。

分量：6人 │ 時間：15分鐘

480克乾燥蝴蝶麵

120克芝麻菜

2顆檸檬

100克帕馬森乳酪，另備一些上菜時用

100克去殼無鹽開心果

按照包裝上的說明，將蝴蝶麵放入一鍋加了鹽的滾水中煮熟，瀝乾，保留一大杯的煮麵水。與此同時，將大部分的芝麻菜放入調理機中，加入刨碎的檸檬皮，擠入所有的檸檬汁。淋上6大匙特級初榨橄欖油，加入帕馬森乳酪、2大匙煮麵水，以及大部分的開心果，攪打到滑順。打好之後，將麵和醬料一起翻拌，如有需要，可以加一些煮麵水稍微稀釋。將剩下的開心果切碎，跟剩下的芝麻菜一起撒到上面。最後刨上另備的帕馬森乳酪，淋上一些特級初榨橄欖油。

熱量	脂肪	飽和脂肪	蛋白質	碳水化合物	糖	鹽	纖維
473大卡	21.2克	5.5克	16.3克	57.5克	2.2克	0.3克	0.7克

栗子培根蛋黃義大利麵
CHESTNUT CARBONARA

煙燻義式培根、綿密綿羊乳酪和黑胡椒醬
SMOKY PANCETTA, CREAMY PECORINO & BLACK PEPPER SAUCE

我也真是的，怎麼現在才想到把美味的栗子融入其中一道我最愛的義大利麵料理。這些栗子鬆軟、可口，帶有堅果風味，同時卻又甜美綿滑。

分量：2人 ｜ 時間：15分鐘

150克各種隨機剩下的乾燥義大利麵

3片煙燻義式培根或五花培根

180克真空包裝栗子

4大顆蛋

20克綿羊乳酪或帕馬森乳酪，另備一些上菜時用

　　按照包裝上的說明，將麵放入一鍋加了鹽的滾水中煮熟，瀝乾，保留一大杯的煮麵水。煮到最後4分鐘時，將義式培根切成細絲。取大的不沾平底鍋倒入1大匙橄欖油，放入培根，以中火煎到滋滋作響。將栗子剝碎放入平底鍋中，加入一大撮黑胡椒，然後不時攪拌，直到變得金黃香脆。

　　與此同時，將蛋黃和蛋白分開，蛋黃放入碗中（蛋白留著改天做蛋白霜），加入刨碎的乳酪，攪拌均勻。將瀝乾的義大利麵倒入裝有培根和栗子的平底鍋中，離火，靜置2分鐘，讓鍋子稍微降溫（如果鍋子太熱，倒入的蛋黃混合物會糊掉；做對的話，則會口感絲滑、優雅美味）。將蛋黃混合物用一些預留的煮麵水稍微稀釋，然後倒入義大利麵中，快速翻拌——鍋子裡的餘溫會讓蛋黃慢慢煮熟。適當調味。如有需要，可以再加一些煮麵水調整稠度。最後，根據自己的喜好撒上另備的刨碎乳酪。

熱量	脂肪	飽和脂肪	蛋白質	碳水化合物	糖	鹽	纖維
726 大卡	27.1 克	7.6 克	27.4 克	97.7 克	1.6 克	1.2 克	7.3 克

突尼西亞明蝦圓直麵
TUNISIAN PRAWN SPAGHETTI

芬芳玫瑰哈里薩辣醬、鮮酸檸檬和新鮮巴西里
FRAGRANT ROSE HARISSA, ZINGY LEMON & FRESH PARSLEY

突尼西亞是世界上義大利麵消耗量最大的國家之一，有各種自己獨有的義大利麵形狀和料理技巧。哈里薩辣醬可以更加凸顯明蝦的甜味，美味極了！

分量：2人 | 時間：22分鐘

150 克乾燥圓直麵

8 隻大的生鮮帶殼國王明蝦（king prawn）

2 茶匙玫瑰哈里薩辣醬

½ 把平葉巴西里（15 克）

1 顆檸檬

　　按照包裝上的說明，將麵放入一鍋加了鹽的滾水中煮熟。與此同時，剝掉明蝦殼和頭，保留蝦尾，去掉的蝦頭留著備用。我喜歡用銳利小刀劃開蝦背，剔除腸泥，這樣蝦子在煮的時候也會展開成蝴蝶狀。將明蝦跟玫瑰哈里薩辣醬一起翻拌，然後放著稍作醃製。取大平底鍋倒入 1 大匙橄欖油，放入蝦頭，以中火煎到完全金黃，過程中不時攪拌，並輕壓一下蝦頭，以釋出蝦的鮮味。將巴西里上半部帶葉子的部分粗略切碎，備用。然後將巴西里的莖切成細末，跟一撮海鹽和黑胡椒一起加入鍋中，炒 1 分鐘。接著將醃好的明蝦放入鍋中，每面煎 1 分鐘。用料理夾將義大利麵夾入鍋中，擠入半顆檸檬的汁，撒入巴西里葉，一起翻拌。如有需要，可以加一些煮麵水稍微稀釋。上桌前挑掉酥脆蝦頭，將剩下的半顆檸檬切成楔形塊狀，吃的時候將檸檬汁擠到麵上。

熱量	脂肪	飽和脂肪	蛋白質	碳水化合物	糖	鹽	纖維
373 大卡	9.3 克	1.2 克	19.2 克	56.3 克	3.2 克	0.9 克	2.8 克

烤南瓜千層麵
ROASTED SQUASH LASAGNE

金黃栗子、爆漿塔雷吉歐乳酪和香脆鼠尾草
GOLDEN CHESTNUTS, OOZY TALEGGIO & FRAGRANT CRISPY SAGE

將義大利麵皮層層堆疊，然後翻到側邊，能為這道秋季千層麵帶來更美妙的口感。搭配香脆鼠尾草和烤栗子，真是味蕾上的一大享受。

分量：4人 | 時間：45分鐘

1顆胡桃南瓜（butternut squash）或紅栗南瓜（onion squash）（1.2公斤）

½把鼠尾草（10克）

180克真空包裝栗子

10張新鮮千層麵皮（250克）

200克塔雷吉歐乳酪

　　烤箱預熱至200℃。小心地將南瓜縱向對半切，挖除裡面的籽，然後將整顆南瓜抹上海鹽、黑胡椒和橄欖油。瓜肉朝上放在烤盤上，進烤箱烤1小時，直到南瓜變軟。與此同時，取不沾平底鍋倒入2大匙橄欖油，摘下鼠尾草的葉子，放入鍋中，以中火煎到香脆，然後取出放到廚房紙巾上。原鍋加入栗子，不時翻拌，炒到金黃香脆之後出鍋。

　　南瓜烤好之後，將10張千層麵皮攤放在平坦的檯面上，然後將南瓜去皮壓碎，平均分舀到每張麵皮上。將大部分的栗子弄碎和乳酪剝碎，撒到每張麵皮上。將5張麵皮堆疊起來，輕輕壓在一起。將剩下的麵皮以同樣的步驟堆疊起來。接著將每疊麵皮縱向切成3份，然後翻到側面，放入一個抹上油的20公分x20公分烤皿。倒入150毫升滾水。將剩下的栗子弄碎和乳酪剝碎，撒到上面。蓋上鋁箔紙，放入烤箱，烤30分鐘，直到金黃、熟透。烤到一半時拿掉鋁箔紙，在最後5分鐘時放上香脆鼠尾草。根據個人喜好淋上一些特級初榨橄欖油。

熱量	脂肪	飽和脂肪	蛋白質	碳水化合物	糖	鹽	纖維
604 大卡	23.3 克	10.2 克	18.8 克	81 克	14.2 克	2.3 克	11.5 克

希臘雞肉義大利麵
GREEK CHICKEN PASTA

甜美茄汁、通心麵和刨碎哈羅米乳酪
SWEET TOMATO SAUCE, MACARONI & GRATED HALLOUMI

在希臘的安德羅斯（Andros）島上，人們會將這道美味無比的義大利麵做各種變化。這是最簡單的作法，奧利佛小隊很喜歡。（團隊裡的年輕人覺得哈羅米乳酪好吃極了！）

分量：8人　｜　時間：30分鐘

1公斤雞腿排，帶皮、帶骨

500克冷凍蔬菜丁（洋蔥、胡蘿蔔和西洋芹）

2罐李子番茄罐頭（各400克）

600克乾燥通心麵

100克哈羅米乳酪

　　取大的不沾法國砂鍋倒入2大匙橄欖油，放入雞腿排，以大火煎到完全上色，然後盛盤。冷凍蔬菜丁倒入鍋中，煮5分鐘，直到變軟。將雞腿排放回鍋中，倒入2大匙紅酒醋一起煮。用乾淨的雙手將番茄揉碎到鍋中，倒入1個罐頭的水量。煮滾後改小火慢滾1個小時，直到雞肉與骨頭脫離，過程中偶爾攪拌一下。

　　煮好之後，按照包裝上的說明，將麵放入一鍋加了鹽的滾水中煮熟，然後瀝乾。與此同時，用叉子將所有雞肉從骨頭上剝下，撕成雞絲，放回茄汁中，丟掉雞皮和骨頭。嘗一下茄汁並適當調味。將義大利麵倒入茄汁中，再刨入大部分的哈羅米乳酪拌勻。盛盤後淋上1大匙特級初榨橄欖油，刨入剩下的乳酪，上桌。

熱量	脂肪	飽和脂肪	蛋白質	碳水化合物	糖	鹽	纖維
566 大卡	19.5 克	5.7 克	40.5 克	60 克	4.4 克	0.8 克	1.4 克

甜豌豆貓耳朵麵
SWEET PEA ORECCHIETTE

碎馬鈴薯、青蔥和碎綿羊乳酪
BROKEN POTATOES, SPRING ONIONS & GRATED PECORINO

我的家人很喜歡義大利南部的貓耳朵麵（orecchiette），這種麵非常適合搭配美味的甜豌豆，加上同樣是碳水化合物的馬鈴薯丁，以及香濃的綿羊乳酪和橄欖油，真是人間美味。

分量：4人 | **時間：30分鐘**

600克馬鈴薯

1把青蔥

320克冷凍豌豆仁

300克乾燥貓耳朵麵

80克綿羊乳酪，另備一些上菜時用

　　馬鈴薯削皮，切成1公分小丁。青蔥切除頭尾，然後切成蔥末。取大的不沾平底鍋倒入2大匙橄欖油，加入馬鈴薯、蔥末和250毫升滾水，以大火煮滾。轉小火，蓋上鍋蓋，慢煮15分鐘，直到馬鈴薯變軟。煮到最後5分鐘時加入豌豆仁，過程中偶爾攪拌。與此同時，按照包裝上的說明，將貓耳朵麵放入一鍋加了鹽的滾水中煮熟，瀝乾，保留一大杯的煮麵水。將瀝乾的麵倒入煮有豌豆仁和馬鈴薯的鍋中，刨入綿羊乳酪，然後一起翻拌。如有需要，可以加一些煮麵水稍微稀釋。適當調味後，刨入額外的綿羊乳酪，根據個人喜好淋上一些特級初榨橄欖油。

熱量	脂肪	飽和脂肪	蛋白質	碳水化合物	糖	鹽	纖維
577 大卡	15.9 克	5.7 克	21.9 克	92.4 克	5 克	0.9 克	6.6 克

蟹肉丸
CRAB MEATBALLS

細扁麵和香辣茄醬
LINGUINE & ARRABBIATA SAUCE

地中海人很喜歡用各種魚類和海鮮製作丸子。我則使用鮮美的蟹肉絲來做這道美味的義大利麵——作法超級簡單，嚐起來既特別又讓人印象深刻。好吃！

分量：2人 | **時間：20分鐘**

1大顆蛋
1份殼裝蟹肉絲[5]或2盒50/50蟹肉[6]（各100克）
100克新鮮麵包粉
150克乾燥細扁麵
½罐玻璃罐裝香辣茄醬（200克）

　　蛋打入碗中，加入蟹肉和麵包粉，抓拌均勻，然後搓成16顆丸子。按照包裝上的說明，將細扁麵放入一鍋加了鹽的滾水中煮熟。與此同時，將1大匙橄欖油倒入大的不沾平底鍋中，以中大火加熱，然後加入丸子，煎6分鐘，直到全部呈現金黃色，過程中偶爾輕搖鍋子，以便丸子受熱均勻。將丸子推到鍋子的一邊，倒入香辣茄醬，滾煮2分鐘，繼續搖動鍋子。用料理夾將麵連同一些煮麵水直接夾入鍋中，將所有的東西一起翻拌。如有需要，可以加一些煮麵水稍微稀釋。適當調味。根據個人喜好淋上一些特級初榨橄欖油。

5　殼裝蟹肉絲（picked dressed crab）是將螃蟹拆解、蟹肉剝絲之後，重新裝回蟹殼直接食用，或當作烹調食材的食品。——譯註
6　50/50蟹肉（50/50 crabmeat）是指混合一半蟹肉和一半蟹膏的食品。——譯註

熱量	脂肪	飽和脂肪	蛋白質	碳水化合物	糖	鹽	纖維
638大卡	17.9克	3克	37克	85.1克	8.3克	1.6克	3.3克

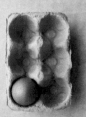    

土耳其風味義大利麵
TURKISH-INSPIRED PASTA

金黃蒜香小羊肉、綿密優格和芬芳薄荷
GOLDEN GARLICKY LAMB, CREAMY YOGHURT & FRAGRANT MINT

這道料理無比美味，我從沒想過可以用這些食材搭配義大利麵。它的味道香辣，療癒的風味既熟悉又讓人驚喜。

分量：4人 | **時間：25分鐘**

400克小羊絞肉

4瓣大蒜

1把薄荷（30克）

300克乾燥管形義大利麵，例如手肘麵（gomiti，也稱拐子麵）或通心麵（macaroni）

250克天然優格

　　取大的不沾平底鍋倒入1大匙橄欖油，放入小羊絞肉，以中小火炒3分鐘，直到全部變色。將3瓣大蒜去皮、切碎，加入鍋中，接著放入1大匙紅酒醋、一些水、一撮海鹽，和很多黑胡椒。續煮5分鐘，過程中不時攪拌，然後用馬鈴薯壓泥器把羊肉壓軟。摘下並保留細嫩的薄荷葉，將剩下的薄荷切末，加入鍋中。轉成小火，繼續燉煮。另一邊按照包裝上的說明，將麵放入一鍋加了鹽的滾水中煮熟。

　　將剩下的大蒜去皮、切碎，拌入優格中，用一撮海鹽和黑胡椒調味。將麵瀝乾，保留一大杯的煮麵水，然後將麵直接倒入煮小羊絞肉的鍋中。煮1分鐘，加入蒜味優格，一起翻拌，如有需要，可以加一些煮麵水稍微稀釋。撒上剛才保留的薄荷葉，上桌。

熱量	脂肪	飽和脂肪	蛋白質	碳水化合物	糖	鹽	纖維
542大卡	20.5克	8.5克	31.3克	62克	5.7克	0.9克	0.3克

淡菜寬扁麵
MUSSEL TAGLIATELLE

大蒜、蕈菇、曼切格乳酪和鮮切義大利麵
GARLIC, MUSHROOMS, MANCHEGO & FRESH-CUT PASTA

我在地中海各地看過許多將蕈菇和海鮮完美結合的料理——味道精緻鮮美，你一定要試試。

分量：2人　│　時間：15分鐘

4朵波特菇（250克）

2瓣大蒜

600克淡菜（貽貝），刷洗乾淨，拔除鬚足

250克新鮮千層麵皮

40克曼切格乳酪，另備一些上菜時用

　　波特菇削去受損部分並切成0.5公分的薄片，放入不沾法國砂鍋，蓋上鍋蓋，以大火乾煎3分鐘，過程中不時搖動鍋子，另一邊將大蒜去皮、切成薄片。將蓋子打開，加入2大匙橄欖油和大蒜，用海鹽和黑胡椒調味，煮3分鐘。另一邊檢查淡菜——如果貝殼打開，輕敲一下應該就會閉上，如果沒有閉上，把它丟掉。千層麵皮縱向切成1公分寬的長條，燒開一壺水。

　　將淡菜和麵倒入鍋中翻拌一下，接著倒入淹過麵條的滾水（大約350毫升），蓋上鍋蓋，燜煮約4分鐘，直到貝殼打開，變得軟嫩多汁，過程中不時搖動鍋子，如果還有貝殼沒有打開，把它取出丟掉。將曼切格乳酪刨成粗絲到鍋中，翻拌均勻，適當調味。將麵平均分成兩碗，刨入另外準備的乳酪，根據個人喜好淋上一些特級初榨橄欖油，上桌。

熱量	脂肪	飽和脂肪	蛋白質	碳水化合物	糖	鹽	纖維
530 大卡	25.9 克	7.3 克	29.2 克	43.9 克	1.5 克	1.2 克	4.6 克

快速鮪魚義大利麵
SPEEDY TUNA PASTA

甜美櫻桃番茄、芬芳羅勒和辣椒
SWEET CHERRY TOMATOES, FRAGRANT BASIL & CHILLI

番茄和羅勒的風味組合，讓我彷彿一秒置身義大利的島嶼。搭配超級新鮮的鮪魚和香辣的辣椒，這道簡單的義大利麵會讓你夢想溫暖宜人的夏夜。

分量：2人 | **時間：14分鐘**

150 克乾燥圓直麵

1 根新鮮紅辣椒

160 克熟的混色櫻桃番茄

1 塊 150 克鮪魚排

$\frac{1}{2}$ 把羅勒（15 克）

　　按照包裝上的說明，將麵放入一鍋加了鹽的滾水中煮熟。與此同時，將辣椒、番茄、鮪魚排和羅勒葉細切（保留幾片羅勒嫩葉裝飾用），放入大的上菜碗中。加入 2 大匙特級初榨橄欖油和 1 大匙紅酒醋，攪拌均勻，然後用海鹽和黑胡椒適當調味。麵煮熟後，用料理夾將麵連同一些煮麵水夾入碗中。翻拌均勻，如有需要，再加一些煮麵水——麵的蒸騰餘熱會將鮪魚稍微燙熟，形成一道真正優雅的料理。撒上剛才預留的羅勒葉，根據個人喜好淋上一些特級初榨橄欖油，上桌。

熱量	脂肪	飽和脂肪	蛋白質	碳水化合物	糖	鹽	纖維
496 大卡	18.2 克	3 克	27.8 克	58.7 克	5.2 克	0.4 克	3 克

摩洛哥義大利麵
MOROCCAN PASTA

朝鮮薊、醃橄欖、大蒜和番茄
ARTICHOKES, MARINATED OLIVES, GARLIC & TOMATOES

我到摩洛哥旅遊的時候，很驚喜地看到天使麵竟有各種不同的烹調方式——不僅用於燉煮菜餚和像這樣的簡單料理，還被用來做為餡料和配菜。

分量：2人 | **時間：15分鐘**

150 克義大利細麵（vermicelli）或天使麵（angel hair pasta）

75 克混色醃橄欖

2 瓣大蒜

½ 罐玻璃罐裝油漬朝鮮薊心（140 克）

1 罐李子番茄罐頭（400 克）

　　按照包裝上的說明，將麵放入一鍋加了鹽的滾水中煮熟，瀝乾，保留一大杯的煮麵水。與此同時，將橄欖去核（如果醃橄欖有核），大蒜去皮切碎。將橄欖（包括橄欖醃料）、大蒜、朝鮮薊和2大匙玻璃罐中的油倒入大的不沾平底鍋，以中火煎到略呈金黃色。將番茄放入粗篩網中，壓碎過篩到鍋中，再用海鹽和黑胡椒適當調味。慢煮幾分鐘，然後將麵放入醬料中翻拌均勻，如有需要，加一些煮麵水稍微稀釋。

熱量	脂肪	飽和脂肪	蛋白質	碳水化合物	糖	鹽	纖維
548 大卡	24.3 克	3.4 克	9.4 克	72.6 克	7.9 克	1.8 克	5.3 克

蘆筍培根蛋黃義大利麵
ASPARAGUS CARBONARA

煙燻義式培根、蛋黃、黑胡椒和綿羊乳酪
SMOKED PANCETTA, EGG YOLKS, BLACK PEPPER & PECORINO

這道料理我怎麼煮都煮不膩——它做起來實在太輕鬆了。我很喜歡胡椒味濃厚的深色培根和細嫩蘆筍之間的對比，外面還裹著絲滑的蛋黃和乳酪醬。

分量：4人 ｜ 時間：15分鐘

300克乾燥筆管麵

350克蘆筍

4大顆蛋

50克綿羊乳酪或帕馬森乳酪，另備一些上菜時用

4片煙燻義式培根或五花培根

　　按照包裝上的說明，將麵放入一鍋加了鹽的滾水中煮熟。與此同時，摘掉蘆筍木質化的末端，然後切成跟筆管麵差不多長的小段，莖比較粗的部分要對半切。將蛋黃和蛋白分開，蛋黃放入碗中（蛋白留著改天做蛋白霜），將乳酪細細刨入碗中，混合均勻。

　　培根切成細絲，取大的不沾平底鍋倒入1大匙橄欖油，加入培根，撒入一大撮黑胡椒，以中大火煎4分鐘，直到金黃酥脆。接著加入蘆筍續煎3分鐘。將麵瀝乾，保留一大杯的煮麵水。將麵倒入煎培根的鍋中，跟所有食材一起翻拌均勻，然後離火，靜置2分鐘，讓鍋子稍微降溫（如果鍋子太熱，倒入的蛋黃會糊掉；做對的話，則會口感絲滑、優雅美味）。將蛋黃混合物加一些煮麵水稍微稀釋，然後倒入義大利麵中，快速翻拌———鍋子裡的餘溫會讓蛋黃慢慢煮熟。適當調味。如有需要，可以再加一些煮麵水調整稠度。根據個人喜好撒上一撮黑胡椒，刨入另外準備的乳酪。

熱量	脂肪	飽和脂肪	蛋白質	碳水化合物	糖	鹽	纖維
463 大卡	17.5 克	5.7 克	22.2 克	58.4 克	3.3 克	1.1 克	1.5 克

蔬菜
VEG

煙燻嫩茄子
SMOKY TENDER AUBERGINE

絲滑鷹嘴豆泥、酥脆鷹嘴豆、櫻桃蘿蔔和檸檬
SILKEN HOUMOUS, CRISPY CHICKPEAS, RADISHES & LEMON

我從來自黎凡特海岸（Levantine coast，地中海東部）的風味獲得靈感，用兩種不同的作法來烹調鷹嘴豆，把它的味道和口感發揮到極致。去了皮的烤茄子為這道料理增添煙燻深度，美味無可匹敵。

分量：2人 │ **時間：22分鐘**

2條茄子（各250克）

50克白芝麻

½罐玻璃罐裝鷹嘴豆（350克），或1罐鷹嘴豆罐頭（400克）

2顆檸檬

200克櫻桃蘿蔔，盡量挑選有葉子的

　　在茄子上戳洞，然後放到爐子或烤架上小心地用直火燒烤，用料理夾翻面，烤到裡面軟嫩。與此同時，取大的不沾平底鍋，放入白芝麻，以大火烤到金黃，過程中不時翻拌。將⅔的烤芝麻放入調理機中，其他的留待稍後使用。瀝乾鷹嘴豆（保留湯汁），將⅔加入調理機中，然後倒入1顆量檸檬汁和2大匙特級初榨橄欖油。攪打到超級滑順，如有需要，加一些鷹嘴豆的湯汁稍微稀釋，適當調味後，分成等量盛盤。

　　將櫻桃蘿蔔對半切，加入剩下的檸檬汁一起翻拌，用海鹽調味，稍微醃一下。茄子放涼到可以用手拿時，小心去掉外皮，縱向對半切，不要完全切斷，讓茄身跟蒂還是連著。茄子用海鹽和黑胡椒調味。在平底鍋中淋上橄欖油，撒上剩下的鷹嘴豆，以中火加熱。將鷹嘴豆推到鍋子的一邊，加入茄子，煮5分鐘，直到鷹嘴豆金黃酥脆、茄子開始焦糖化，如有需要可以翻面。將鍋中所有東西分成等量盛盤，撒上剛才預留的烤芝麻和櫻桃蘿蔔，根據個人喜好淋上一些特級初榨橄欖油。

熱量	脂肪	飽和脂肪	蛋白質	碳水化合物	糖	鹽	纖維
446 大卡	31.4 克	5.3 克	15.3 克	26.3 克	8.1 克	0.5 克	5.6 克

另類普羅旺斯雜燴燉飯
ROGUE RATATOUILLE RISOTTO

香烤地中海蔬菜、芬芳羅勒和香濃山羊乳酪
GRILLED MEDITERRANEAN VEG, FRAGRANT BASIL & TANGY GOAT'S CHEESE

我非常喜歡這道快速簡易的一鍋料理——它融合義大利和普羅旺斯的風味，任誰都會喜歡。純粹主義者可能會對使用冷凍蔬菜嗤之以鼻，但我保證它的美味不容錯過。

分量：4人 | **時間：35分鐘**

700克冷凍炭烤地中海蔬菜

300克燉飯米

1.2公升雞高湯或蔬菜高湯

1把羅勒（30克）

100克山羊乳酪

    取大深鍋倒入2大匙橄欖油，加入冷凍蔬菜，以中大火炒10分鐘，直到蔬菜變軟，過程中隨時攪拌，然後先盛起一半的蔬菜到碗中。將米加入鍋中，攪拌2分鐘。加入一些熱高湯，待高湯被米完全吸收後再加一些，持續攪拌16-18分鐘，直到米充分煮熟。如有需要，可以再加一些高湯。將大部分的羅勒葉摘下、莖切碎，跟剛才預留的蔬菜、大部分的山羊乳酪，以及1大匙特級初榨橄欖油一起拌入鍋中，然後適當調味。如有需要，可以用一些滾水調整稠度，讓米飯呈現滑潤的質地。將飯等量分別盛入盤中，最後撒上剩下的羅勒葉和山羊乳酪。

熱量	脂肪	飽和脂肪	蛋白質	碳水化合物	糖	鹽	纖維
610 大卡	17.3 克	5.4 克	21 克	92.5 克	17.6 克	0.6 克	8.6 克

豐盛鑲南瓜
GLORIOUS STUFFED SQUASH

綜合香草穀物、溏心半熟蛋和哈里薩淋醬
MIXED HERBY GRAINS, OOZY CODDLED EGG & HARISSA DRESSING

這道料理發想自我的北非之旅和當地人對鑲餡蔬菜的熱愛，端上餐桌一定會讓大家驚呼連連。開動前先把蛋弄破，讓流出的蛋液混著香草穀物餡一起享用。

分量：2人　│　時間：1小時15分鐘

1顆南瓜，例如日本南瓜（Kabocha）、太子南瓜（Crown Prince）、紅栗南瓜、胡桃南瓜（1.2公斤）

1把平葉巴西里（30克）

1包綜合熟穀物（250克）

2大顆蛋

滿滿2茶匙哈里薩辣醬

　　烤箱預熱至180℃。小心地將南瓜切成兩半，挖掉籽，去除蒂頭，將整顆南瓜抹上海鹽、黑胡椒和橄欖油。瓜肉的一面朝上放在深烤盤上，進烤箱烤50分鐘，直到南瓜變軟（如果是用胡桃南瓜，去掉籽之後，可再沿著南瓜的長度挖掉一些柔軟的瓜肉，挖出一條溝槽，方便填入穀物）。摘下巴西里並切成細末，將大部分的巴西里和滿滿1茶匙哈里薩辣醬拌入穀物中（如果是用胡桃南瓜，將剛才挖出的瓜肉也一起拌進來）。[7]用一撮海鹽和黑胡椒調味，等量分別填入切半的南瓜中。在穀物中間挖出一個凹洞，將蛋分別打入凹洞中，放進烤箱，烤15分鐘，喜歡的話可以烤久一點。將剩下的哈里薩辣醬用適量的開水稀釋，淋在南瓜上，撒上剩下的巴西里細末即可上桌。上菜後把蛋弄破，將流出的蛋液與穀物混合，然後開吃。

---

7 有別於大部分南瓜是圓形或寬橢圓形，胡桃南瓜較窄、較長，只有末端有一球小圓狀，能挖除瓜瓢、填入餡料的空間有限，因此需要沿著南瓜的長度挖出一條溝槽。——譯註

熱量	脂肪	飽和脂肪	蛋白質	碳水化合物	糖	鹽	纖維
547 大卡	13.9 克	2.6 克	20.6 克	86.8 克	29 克	1.7 克	14.6 克

馬鈴薯炸彈
POTATO BOMBAS

酥脆麵包粉、爆漿曼切格乳酪和香辣茄醬
CRISPY CRUMB, OOZY MANCHEGO & SPICY TOMATO SAUCE

我在巴塞隆納一家名叫「冒煙洞穴」(La Cova Fumada) 的知名早餐餐廳品嘗過他們的祕製馬鈴薯炸彈，於是想做做看自己的版本，把平凡的馬鈴薯變成奇妙的美食。

分量：6人　｜　時間：45分鐘

4大顆馬鈴薯（1公斤）

2大顆蛋

150克曼切格乳酪

100克新鮮麵包粉

1罐玻璃罐裝香辣茄醬 (arrabbiata sauce)（400克）

　　用叉子在整顆馬鈴薯上戳洞，放入微波爐，以高火模式加熱30分鐘，直到變軟，加熱到一半時翻面。待放涼到可以用手拿時，對半切開，將馬鈴薯肉刮入碗中，搗成滑順泥狀，然後適當調味。將蛋黃和蛋白分離，蛋白放入淺碗中，蛋黃加入馬鈴薯泥中，搗到均勻混合。將大部分的曼切格乳酪切成1公分的小丁，加入馬鈴薯泥混合物中。蛋白打發。馬鈴薯泥混合物分成6等份，搓成球狀，稍微壓平。蘸上打發的蛋白，讓多餘的蛋液流下，然後裹上麵包粉。

　　取不沾平底鍋倒入1公分深的橄欖油，以中大火加熱。加熱之後，小心地將馬鈴薯炸彈放入鍋中，煎6分鐘，直到呈現漂亮的金黃色，煎到一半時翻面──你可能需要分批處理。與此同時，將香辣茄醬放入鍋中加熱，然後等量分盛六盤。將馬鈴薯炸彈放到茄醬上，刨上剩下的曼切格乳酪，用海鹽和黑胡椒適當調味，根據個人喜好淋上一些特級初榨橄欖油。

熱量	脂肪	飽和脂肪	蛋白質	碳水化合物	糖	鹽	纖維
336 大卡	13.6 克	6 克	13.7 克	41.1 克	4.6 克	1 克	2.5 克

奧利佛式穆賈德拉
MY MUJADARA

香料扁豆和布格麥、酥脆洋蔥和優格
SPICED LENTILS & BULGUR, CRISPY ONIONS & YOGHURT

穆賈德拉扁豆飯是一道深受喜愛、經濟實惠的黎凡特主食（Levantine dish，地中海東部料理），備料簡單，吃起來卻美味無比。如果手邊有時令蔬菜和吃剩的肉，也可以加進來增加料理的豐富性。

分量：4人 | **時間：45分鐘**

2大顆洋蔥

滿滿2大匙孜然籽

150克乾燥褐扁豆

150克布格麥

4大匙天然優格

　　取一個小的厚底醬汁鍋，倒入2公分深的橄欖油，以中大火加熱。將1顆洋蔥去皮、切成薄片，放入鍋中炸到金黃酥脆，然後放在廚房紙巾上瀝乾──你會需要分批處理。想要確認油溫是否夠高，可以把一片洋蔥丟入鍋中──待洋蔥變得金黃並浮起時，代表油溫夠了（或是溫度計顯示油溫達到180℃）。

　　與此同時，將剩下的洋蔥去皮、切碎，放入大的不沾平底鍋中，加入孜然籽和1大匙橄欖油，以中火炒10分鐘，或直到洋蔥變甜變軟。加入扁豆、布格麥和1.2公升的水，煮滾，然後改小火慢煮25分鐘，或直到扁豆和布格麥煮熟、幾乎吸收所有水分為止。嚐一下味道，用海鹽和黑胡椒適當調味，然後拌入一半的脆洋蔥。等量分別盛盤，舀上幾匙優格，撒上剩下的脆洋蔥。

PS

如果不想炸洋蔥，大部分的超市也能買到現成的脆洋蔥。

熱量	脂肪	飽和脂肪	蛋白質	碳水化合物	糖	鹽	纖維
408大卡	16克	2.7克	15.5克	56克	7.9克	0.1克	8.1克

燉紅花菜豆
RUNNER BEAN STEW

甜美番茄、大蒜和奧勒岡醬、香濃乳酪
SWEET TOMATO, GARLIC & OREGANO SAUCE, TANGY CHEESE

我想很多人煮豆子總是遵循著固有的常規習慣，但用簡單的調味燉煮豆子，也能煮出令人興奮的風味，搭配肉類、魚類或其他蔬菜料理都很美味。

分量：4人 | **時間：45分鐘**

400克紅花菜豆（也稱為花豆）

2瓣大蒜

½把奧勒岡（10克）

2罐李子番茄罐頭（各400克）

100克菲達乳酪

　烤箱預熱至180°C。切除紅花菜豆的頭尾，撕掉旁邊的筋絲。大蒜去皮、切成薄片。取大的法國砂鍋或耐烤平底鍋，倒入2大匙橄欖油，放入大蒜片，加入摘下的奧勒岡，以中火煮到大蒜略呈金黃色，過程中不時攪拌。接著番茄加入鍋中，用搗泥器搗碎，加入一撮海鹽和黑胡椒調味。煮到小滾後，鋪上紅花菜豆，把豆莢壓入醬料中。蓋上一張弄溼揉皺的防油紙，放入烤箱烤30分鐘，或直到豆子變軟、醬料變稠，然後把紙拿掉。撒上捏碎的菲達乳酪，立刻上桌，或放入烤箱中再烤10分鐘——你可以自己決定。

熱量	脂肪	飽和脂肪	蛋白質	碳水化合物	糖	鹽	纖維
183 大卡	12.2 克	4.5 克	7.9 克	11.6 克	10.8 克	1.1 克	1.8 克

薄荷櫛瓜塔
MINTY COURGETTE TART

金黃酥皮、酸豆黑橄欖醬和山羊乳酪
GOLDEN FLAKY PASTRY, BLACK OLIVE TAPENADE & GOAT'S CHEESE

這道料理的靈感來自我與一位名叫瑪吉達（Majda）的傑出女士一起烹調美味櫛瓜時的經歷。來自敘利亞的她逃到馬賽之後開了一家很棒的餐廳。這是我對尼斯洋蔥塔（pissaladiére）的創新作法。

分量：4-6人　|　時間：1小時35分鐘

1.5公斤櫛瓜

滿滿一大匙乾薄荷

320克整張現成酥皮（冷的）

6茶匙酸豆黑橄欖醬

80克山羊乳酪

　　櫛瓜去蒂頭、削皮，縱向切成4等份，去掉中間的籽，然後粗略切碎。取大的淺法國砂鍋，放入2大匙橄欖油和乾薄荷，加入櫛瓜，以中火慢煮30分鐘，過程中不時攪拌。將一半的櫛瓜用搗泥器搗碎，倒回鍋中跟其餘的櫛瓜拌在一起。適當調味，放涼5分鐘。

　　烤箱預熱至200°C。將酥皮攤開在原本的墊紙上，放入烘焙烤盤中。將放涼的櫛瓜舀到酥皮上，邊緣留下1公分的空間，將四邊向內摺起來，邊角按壓一下固定之。將沒有鋪到櫛瓜的酥皮刷上一點油，將烘焙烤盤放到烤箱最下層的架子上，烤30分鐘，直到酥皮呈現漂亮的金黃色並膨起。隨意地點綴上酸豆橄欖醬，撒上捏碎的山羊乳酪，上桌。

PS

如果你想跟照片中一樣使用櫛瓜花入菜，可以自己種（很好種喔！），或到農夫市集購買，因為一般超市很難找到。只要將花打開，擺到塔上，淋一點油，再拿去烤就可以了。

熱量	脂肪	飽和脂肪	蛋白質	碳水化合物	糖	鹽	纖維
584 大卡	41.8 克	15.8 克	15.9 克	50.9 克	7.5 克	1.3 克	5.4 克

塔吉鍋燉南瓜
SQUASH TAGINE

綿密鷹嘴豆、北非綜合香料、橄欖和椰棗
CREAMY CHICKPEAS, RAS EL HANOUT, OLIVES & DATES

為了歌頌不起眼的南瓜，我用法國砂鍋來做這道摩洛哥風味的塔吉鍋料理，讓沒有塔吉鍋的人也能做這道料理，但是如果你本來就有，請你一定要用。椰棗煮到融化之後，會讓醬汁變得美味無比。

分量：4人份　｜　時間：1小時

1 顆胡桃南瓜（1.2公斤）

100 克帝王椰棗

1 大匙北非綜合香料，另備一些裝飾用

1 罐玻璃罐裝鷹嘴豆（700 克），或 2 罐鷹嘴豆罐頭（各 400 克）

100 克醃綠橄欖

　　南瓜刷洗乾淨，小心地從縱向對半切，再切成 4 公分大小的塊狀，並把南瓜籽粗略切碎（我喜歡保留皮，因為帶有堅果香氣又很美味）。取大的淺法國砂鍋淋上一點橄欖油，放入南瓜籽，以中大火拌炒，過程中不時翻拌。南瓜籽開始爆開時，盛到小碗中。在鍋中倒入 1 大匙橄欖油，放入南瓜，煎 10 分鐘，用料理夾翻面，直到每一面都煎到呈現漂亮的棕色。與此同時，將椰棗去核，放入碗中，倒入 500 毫升滾水。

　　將北非綜合香料拌入鍋中，倒入鷹嘴豆和湯汁，然後倒入椰棗和浸泡的水。將橄欖撕碎撒入鍋中（如果有核，請先去核），蓋上鍋蓋，煮 20 分鐘。打開蓋子，繼續煮大約 5 分鐘，直到湯汁變稠（如果是用鷹嘴豆罐頭，續煮 5 分鐘）。適當調味，撒上脆南瓜籽和另外準備的一撮北非綜合香料。直接上桌，或搭配蒸庫斯庫斯（couscous）[8] 或麵包一起上桌。

---

8 庫斯庫斯是用粗粒杜蘭小麥粉（semolina）做成，形狀、大小和顏色類似小米，故有時也稱庫斯庫斯米，源自非洲西北部的柏柏爾民族（Berber）。——譯註

熱量	脂肪	飽和脂肪	蛋白質	碳水化合物	糖	鹽	纖維
347 大卡	11 克	1.7 克	12 克	51.9 克	22.3 克	1.1 克	11.3 克

黃瓜炸餅
CUCUMBER FRITTERS

超脆麵糊、速成希臘黃瓜優格醬和檸檬
SUPER-CRISP BATTER, CHEAT'S TZATZIKI & LEMON

這些美味可口的小點心可以做為前菜或小菜。最棒的是，你可以把黃瓜的味道提升到一個全新的層次，也可以用其他的季節時蔬替代。

分量：4人（每人2個炸餅） | **時間：25分鐘**

2根黃瓜

75克無麩質自發麵粉

300克希臘優格

1顆檸檬

½罐玻璃罐裝烤紅甜椒（230克）

　　將黃瓜粗刨碎到碗中，加入½茶匙海鹽一起翻拌。放到一旁靜置15分鐘，然後盡量把釋出的水分擠掉。將麵粉倒入另一個碗中（我喜歡用無麩質麵粉，調出來的麵糊質地較輕盈），加入100克希臘優格、1撮黑胡椒和2大匙水。將半顆檸檬的皮屑刨入碗中，一起攪拌到滑順，然後加入一半的黃瓜拌勻。

　　取不沾平底鍋放到中大火上，倒入0.5公分深的橄欖油，加熱幾分鐘。油熱後，小心地將麵糊分成8大滿匙放入油中，炸4分鐘，直到金黃熟透，炸到一半時小心地翻面——你可能需要分批處理。將炸好的餅放到廚房紙巾上瀝油。與此同時，將剩下的黃瓜和剩下的優格混合均勻，刨入剩下的檸檬皮屑，擠入半顆檸檬的汁，用一撮海鹽和黑胡椒調味，然後分成四盤。將烤紅甜椒瀝乾，切成細絲，用一些紅酒醋和特級初榨橄欖油調味。在每盤黃瓜優格醬上撒上一撮調味過的紅甜椒絲，擺上2塊炸餅。將刨過皮的檸檬切成楔形塊狀，可以拿來擠到餅上，然後開吃。

熱量	脂肪	飽和脂肪	蛋白質	碳水化合物	糖	鹽	纖維
260 大卡	14.8 克	4.2 克	9.8 克	21.7 克	6.6 克	1.1 克	2 克

家常風味卡夫泰吉
HOME-STYLE KAFTEJI

哈里薩烤蔬菜、金黃馬鈴薯和炒蛋
HARISSA ROAST VEG, GOLDEN POTATOES & FRIED EGGS

突尼西亞街頭上迴盪著剁切卡夫泰吉食材的聲音，真是讓人感到震撼。這道蔬菜一般是用油炸的，但不是每個人都方便做油炸料理，所以我用比較健康的烤箱作法來做這道美味的菜餚。

分量：2人 ｜ 時間：50分鐘

2顆青椒

2顆大的熟番茄

500克馬里斯派伯馬鈴薯（Maris Piper potato）

1大匙哈里薩或玫瑰哈里薩辣醬，另備一些上菜時用

2大顆蛋

　　烤箱預熱至200℃。青椒去蒂頭、切半、去籽，番茄切半，然後切面朝上全部放入大的深烤盤中。用海鹽和黑胡椒調味，烤35分鐘，直到變軟。與此同時，將馬鈴薯刷乾淨，從縱向對半切，再切成0.5公分厚的半月形切片。淋上1大匙橄欖油，適當調味，在大的烘焙烤盤上平鋪成一層，烤25分鐘，直到金黃酥脆。青椒和番茄烤好時，去掉粗硬的皮，切碎，倒入碗中，加入哈里薩辣醬，用海鹽、黑胡椒和紅酒醋適當調味並拌勻。將蛋煎到自己喜歡的熟度，跟酥脆馬鈴薯一起放在青椒番茄混合物旁邊。淋上一點哈里薩辣醬調味，然後開吃。

熱量	脂肪	飽和脂肪	蛋白質	碳水化合物	糖	鹽	纖維
380 大卡	15.3 克	2.8 克	13.9 克	50.4 克	8.3 克	0.9 克	4.5 克

茄子薄餅
AUBERGINE FLATBREADS

熱醃橄欖、香濃菲達乳酪和乾奧勒岡
HOT MARINATED OLIVES, TANGY FETA & DRIED OREGANO

這道料理靈感來自我在希臘和土耳其街頭小吃所看過的薄餅製作過程，當作午餐非常美味。薄餅麵團製作起來超快，搭配燒烤茄子，風味令人驚豔。

分量：2人 | **時間：25分鐘**

1條大茄子（400克）

200克自發麵粉，另備一些防沾黏用

10顆混色醃橄欖

2枝或滿滿1茶匙乾燥的開花奧勒岡

50克菲達乳酪

　　在茄子上戳洞，放在爐子或烤架上小心地用直火燒烤，用料理夾翻面，烤到裡面軟嫩，然後放入碗中放涼。與此同時，將麵粉放入另一個碗中，加入一撮海鹽，慢慢倒入100毫升的水，用叉子攪拌均勻。在檯面上撒一些麵粉，放上麵團，揉幾分鐘，直到麵團變得光滑，然後蓋起麵團讓它靜置。檯面再撒上一些麵粉，麵團分成兩等份，各別擀成大約20公分長的橢圓形。取大的不沾平底鍋放到大火上，鋪上麵餅，每面烤 2 ½ 分鐘，直到金黃熟透──你可能需要分批處理。與此同時，將橄欖連同裡面的醃漬食材一起切碎（如有核，請先去核）。

　　薄餅烤好後，轉成微火。從碗中取出茄子縱向對半切，湯汁留在碗中，用茶匙將茄子肉刮入碗中，然後把皮丟掉。碗中加入特級初榨橄欖油和紅酒醋各1大匙，以及一半的奧勒岡。用湯匙攪拌壓碎，加入海鹽和黑胡椒適當調味。將調味過的茄子舀到薄餅上。接著將1大匙橄欖油倒入鍋中，撒入切碎的橄欖，煎30秒，然後舀到茄子上。撒上捏碎的菲達乳酪。將剩下的奧勒岡枝放在雙手之間，在薄餅上方搓揉，讓乾燥的葉子和花落到薄餅上（或直接撒上也行）。

熱量	脂肪	飽和脂肪	蛋白質	碳水化合物	糖	鹽	纖維
552 大卡	21.1 克	5.9 克	14.8 克	81.2 克	5.7 克	1.8 克	3.1 克

冬季綠蔬義式麵疙瘩
WINTER GREENS GNOCCHI

新鮮黑甘藍和馬斯卡彭戈貢佐拉乳酪醬
VIVID BLACK CABBAGE & MASCARPONE GORGONZOLA SAUCE

在義大利，義式麵疙瘩一般是當作主菜，不過我的作法不同，我喜歡把它跟馬鈴薯一樣做為配菜，用這種方式慶祝冬季豐收的蕓薹屬蔬菜也很令人驚喜。

分量：當作主菜4人，當作配菜8人 | 時間：20分鐘

50克去殼無鹽核桃仁

400克恐龍羽衣甘藍（cavolo nero）

100克馬斯卡彭乳酪

100克戈貢佐拉乳酪

800克馬鈴薯義式麵疙瘩

　　核桃放入平底鍋中，以中火烤到金黃色，然後放到一旁備用。將恐龍羽衣甘藍的莖撕掉，葉子放入一鍋加了鹽的滾水中燙4分鐘。用料理夾小心地將⅔的甘藍直接夾入調理機中，剩下的甘藍放到砧板上粗略切碎，鍋子裡的水繼續放在爐上加熱。將馬斯卡彭乳酪和大部分的戈貢佐拉乳酪放入調理機中，打到超級滑順，如有需要，加一些燙菜的水稍微稀釋。嚐一下味道，用海鹽和黑胡椒適當調味。

　　將義式麵疙瘩放入沸水鍋中滾煮3分鐘，或直到浮上水面。然後將水瀝掉，綠色醬料和切碎的甘藍倒入鍋中，與麵疙瘩一起翻拌。將大部分的核桃剝碎並拌進去。將剩下的戈貢佐拉乳酪和核桃剝碎並撒上去，直接上桌，或放在烤架上烤幾分鐘，直到呈現漂亮的顏色。

熱量	脂肪	飽和脂肪	蛋白質	碳水化合物	糖	鹽	纖維
646 大卡	29.4 克	13.6 克	18.9 克	75.2 克	3.5 克	2.4 克	3.4 克

烤花椰菜
ROASTED CAULIFLOWER

速成羅曼斯可醬和烤碎杏仁
CHEAT'S ROMESCO SAUCE & CRUSHED ROASTED ALMONDS

加了羅曼斯可醬，人生更美好！ 這款醬料可以搭配花椰菜等鮮美蔬菜，也可以跟魚類、禽肉或小羊肉一起享用，做起來有趣，吃起來也很享受。

分量：4人 ┃ 時間：45分鐘

1顆花椰菜（800克）

4瓣大蒜

100克酸種麵包

50克去皮杏仁

1罐玻璃罐裝烤紅甜椒（460克）

　　烤箱預熱至180℃。切除花椰菜粗糙的外葉和梗，然後對半切開，再切成3公分的楔形塊狀，放入深烤盤中。用一點橄欖油、紅酒醋、海鹽和黑胡椒翻拌，烤35分鐘，直到金黃軟嫩。與此同時，將大蒜去皮，麵包撕成小塊，與杏仁一起放入深烤盤中，待花椰菜烤到剩15分鐘時再放入烤箱。

　　烤好之後，將兩個深烤盤從烤箱中取出。保留一把杏仁，將剩下的杏仁、大蒜和烤麵包放入調理機中，加入瀝乾湯汁的紅甜椒、2大匙橄欖油，以及一些紅酒醋，攪打到絲般滑順。如有需要，加一些水稍微稀釋，然後嚐一下味道並適當調味。將醬料倒入上菜盤中，擺上花椰菜，將剛才預留的杏仁搗碎或切碎，撒到上面，然後上桌。

熱量	脂肪	飽和脂肪	蛋白質	碳水化合物	糖	鹽	纖維
286 大卡	15.7 克	1.9 克	11.1 克	25.2 克	9.8 克	0.8 克	4.5 克

魯馬尼耶石榴燉茄子扁豆
RUMMANIYEH

石榴和煙燻茄子、大蒜和燉扁豆
POMEGRANATE & SMOKY AUBERGINE, GARLIC & LENTIL STEW

這道料理是巴勒斯坦熱門菜餚的變化版本。原文裡的「魯馬」(rumman) 一詞意思就是石榴——傳統作法是用石榴糖蜜,不過為了方便,我是使用自己喜歡的新鮮石榴。

分量:4人 | **時間:1小時**

2條茄子 (各250克)

4瓣大蒜

1大匙巴哈拉特綜合香料 (baharat spice mix)

175克乾燥褐扁豆

1顆大的熟石榴

　　茄子切成4等份,放在烤架上烤6分鐘,直到變軟、略微焦香,過程中不時翻面。將茄子放到砧板上,粗略切小塊。將大蒜去皮、切成薄片。取大的不沾平底鍋倒入1大匙橄欖油,放入大蒜,以中火煎到稍微金黃色,然後盛出一半的大蒜,待會裝飾用。將一半的碎茄子塊放入裝有剩餘大蒜的鍋中,加入綜合香料,煮幾分鐘,然後加入扁豆和1.5公升的水。將石榴對半切,用手指抓拿其中一半,切面朝下,用湯匙背面敲打石榴,將籽全部敲入碗中,並擠一大把石榴汁進去。將剩下的汁擠到鍋中,以中火煮45分鐘,直到扁豆變軟。

　　煮好之後,將剩下的碎茄子塊和大部分的石榴籽加入鍋中,攪拌均勻,嚐一下味道,並用海鹽和黑胡椒適當調味。等量分別盛盤,撒下香脆大蒜和剩餘石榴籽,根據個人喜好淋上一些特級初榨橄欖油。搭配皮塔餅和新鮮香草 (如果有的話) 一起享用,非常美味。

熱量	脂肪	飽和脂肪	蛋白質	碳水化合物	糖	鹽	纖維
200 大卡	5.2 克	0.8 克	12.8 克	26.8 克	4.8 克	0.2 克	5.6 克

馬鈴薯烘蛋
TORTILLA FRITTATA

烤甜椒、嫩洋蔥和馬鈴薯、金黃蛋、西洋菜
ROASTED PEPPER, TENDER ONION & POTATO, GOLDEN EGG, WATERCRESS

受到深受喜愛的西班牙馬鈴薯烘蛋[9]啟發，這道混搭烘蛋料理是獻給所有家庭的美好禮物，掌握烹調方法之後，可以嘗試加入豌豆、朝鮮薊或蘑菇等食材。

分量：4-6人 ｜ 時間：1小時

1顆洋蔥

1公斤馬鈴薯

5大顆蛋

½顆玻璃罐裝烤紅甜椒（230克）

80克西洋菜

　　洋蔥和馬鈴薯去皮、切成薄片，一起翻拌混合。取24公分不沾耐烤平底鍋，倒入1公分深的橄欖油，以中火加熱。1分鐘後，放入馬鈴薯和洋蔥（這時先別調味，否則馬鈴薯會出水），輕煎25分鐘，直到變軟但幾乎保持原色，過程中偶爾輕輕翻動。將馬鈴薯和洋蔥瀝乾，稍微放涼。將雞蛋打入碗中打散，加入煎過的馬鈴薯和洋蔥，然後輕輕拌勻，靜置5分鐘——馬鈴薯會開始吸收蛋液，馬鈴薯和洋蔥周圍也會出現小泡泡。將紅甜椒瀝乾、切成細絲，拌入雞蛋混合物中，用海鹽和黑胡椒適當調味。烤箱預熱至160℃。

　　用廚房紙巾將鍋子快速地擦拭一下，淋上一點橄欖油，放到小火上加熱。將雞蛋混合物直接均勻倒入鍋中。靜置5分鐘，然後放進烤箱烤10分鐘。烤好以後，從烤箱中取出，留在鍋中靜置5分鐘，然後拿一把刀沿著邊緣劃一圈，讓烘蛋鬆開鍋子。拿一個比鍋子大一點的盤子或平蓋，快速並大膽地將烘蛋倒扣出來，撒上一點鹽和一撮西洋菜。熱熱地吃或放涼再吃都很美味。

---

9 西班牙馬鈴薯烘蛋（Spanish tortilla）以蛋、洋蔥和馬鈴薯為主要食材，在瓦斯爐上烘烤而成，義大利烘蛋（Italian frittata）的材料較為豐富，包括蛋、洋蔥、甜蔥、香腸、起司等等，但不含馬鈴薯，而且是放入烤箱烘烤而成。作者則將兩種烘蛋的食材和作法相互結合。——譯註

熱量	脂肪	飽和脂肪	蛋白質	碳水化合物	糖	鹽	纖維
791 大卡	46.5 克	10.6 克	44.6 克	54 克	10.5 克	1.2 克	7.2 克

鑲餡櫛瓜
STUFFED COURGETTES

薄荷、菲達乳酪和穀物鑲餡、茄汁
MINT, FETA & GRAIN FILLING, TOMATO SAUCE

地中海地區到處可見各種鑲餡蔬菜,這種料理在其他地方常常遭到誤解——其實將蔬菜塞進蔬菜裡煮的作法能讓風味和質地都更加分,確實很棒。

分量:4-6人 | **時間:1小時10分鐘**

8條大櫛瓜
1把薄荷(30克)
2包綜合熟穀物(各250克)
100克菲達乳酪
1罐李子番茄罐頭(400克)

　　烤箱預熱至200°C。櫛瓜切除頭尾,切成約4公分的厚塊,用蘋果去核器或茶匙將中間挖空,邊緣留約0.5公分厚度,瓜肉和籽先留下。撒上大量海鹽調味,包括中空部位都要調味(不用擔心,等一下會把鹽洗掉)。與此同時,摘下一半的薄荷葉,跟大約250克預留的瓜肉一起切碎(剩下的丟掉),加入穀物,將大部分的菲達乳酪捏碎撒入。用海鹽、黑胡椒和1大匙紅酒醋調味,一起翻拌均勻。

　　洗掉櫛瓜上的鹽分、拍乾,將穀物混合物填入櫛瓜中間的洞,用手指從兩端將餡塞入。將鑲餡櫛瓜其中一面切面朝下,逐一擺入深烤盤中。烤50分鐘,直到變軟。與此同時,準備製作醬料,用乾淨的雙手將番茄揉碎到碗中,加入2大匙特級初榨橄欖油,保留一些薄荷嫩葉待會裝飾用,剩下的薄荷葉切末並加入裡面。用海鹽、黑胡椒和紅酒醋適當調味。櫛瓜烤好之後,將醬料倒到櫛瓜上面和周圍,再烤5分鐘,讓醬料充分加熱。將剩下的菲達乳酪捏碎並撒上去,點綴上薄荷嫩葉,根據個人喜好淋上一些特級初榨橄欖油。

熱量	脂肪	飽和脂肪	蛋白質	碳水化合物	糖	鹽	纖維
469 大卡	22.5 克	6 克	20.1 克	47.8 克	15.3 克	1.8 克	9.3 克

酸甜南瓜
SQUASH AGRODOLCE

醃橄欖、松子和季節綠蔬
MARINATED OLIVES, PINE NUTS & SEASONAL GREENS

在地中海地區可以看到各種能釋放出蔬菜甜味的烹調方式，只要加上一點醋，就能創造美妙的酸甜風味，將平凡的蔬菜提升到更高的層次。

分量：4人 | **時間：55分鐘**

1顆胡桃南瓜（1.2公斤）

2顆洋蔥

150克混色醃橄欖

100克松子

500克綜合季節綠蔬，例如彩虹莙蓬菜（rainbow chard，即葉用甜菜）和恐龍羽衣甘藍

　　南瓜刷洗乾淨，小心地從縱向對半切、去籽（我喜歡保留皮，因為帶有堅果香氣又很美味），洋蔥去皮。將南瓜和洋蔥切成1公分的小丁。取大的不沾平底鍋或法國砂鍋，倒入2大匙橄欖油，放入南瓜和洋蔥，以中火煮25分鐘，過程中不時攪拌。拌入2大匙紅酒醋，蓋上鍋蓋，續煮25分鐘，直到香甜軟嫩。將橄欖連同裡面的醃漬食材一起切碎（如有核，請先去核），跟松子一起拌入鍋中。適當調味。

　　與此同時，準備綠色蔬菜，切除粗硬的莖（我喜歡把較嫩的莖切碎，加入裝有南瓜的鍋中）。將綠蔬放入一大鍋加了鹽的滾水中燙30秒，直到葉子剛好變軟，但仍保持鮮綠，然後瀝乾，鋪到乾淨的茶巾上。待放涼到可以用手拿時，將蔬菜堆到茶巾中央，包起來，用力擰掉多餘的水分。將蔬菜粗略切碎，等量分盛四盤。將南瓜混合物舀到上面，盡情享用。

熱量	脂肪	飽和脂肪	蛋白質	碳水化合物	糖	鹽	纖維
470 大卡	32 克	3.1 克	10.5 克	37.1 克	20.9 克	1.8 克	7.8 克

派和包餡料理

PIES &
PARCELS

菠菜菲達乳酪派
SPINACH & FETA PIE

芬芳蒔蘿和金黃酥脆芝麻
FRAGRANT DILL & GOLDEN CRUNCHY SESAME SEEDS

在希臘各地都能看到包了滿滿的菠菜、蒔蘿和菲達乳酪的美味鹹派，這給了我靈感，利用五種食材變化出這道簡單的版本。上面撒上大量芝麻，真的非常美味。

分量：6人 | **時間：40分鐘**

350克冷凍菠菜

500克自發麵粉，另備一些防沾黏用

2把蒔蘿（40克）

200克菲達乳酪

75克白芝麻

　　烤箱預熱至220℃。解凍菠菜，擠去多餘的水分。將麵粉放入碗中，加一撮海鹽，然後慢慢倒入325毫升的水，邊倒入邊用叉子混合均勻。攪拌均勻後，雙手沾上麵粉，將麵團揉到光滑、碗變乾淨為止，然後將麵團放到抹了油的檯面上靜置。將蒔蘿和菠菜連同莖枝一起切碎，撒上捏碎的菲達乳酪，加上一撮黑胡椒混合均勻。

　　在抹了油的檯面上將麵團攤開成大約40x60公分的麵皮——我是用手攤開，你也可以用擀麵棍擀開。小心地將麵皮掀起來，將一半的麵皮放到30x40公分抹了油的烤盤中，另外一半留在烤盤外面。將菠菜混合物均勻鋪在烤盤中的那一半麵皮上，周圍預留2公分的空間。小心地將留在烤盤外面的麵皮摺進來到烤盤中的麵皮上，按壓或摺起邊緣，將麵皮封起來。在麵皮上面抹上橄欖油，撒上芝麻，將芝麻按壓並拍進麵皮裡。將烤盤放在烤箱最下層的架子上，烤25分鐘，直到呈現漂亮的金黃色。熱熱地吃、放涼或冷藏之後吃，都很美味。

熱量	脂肪	飽和脂肪	蛋白質	碳水化合物	糖	鹽	纖維
454 大卡	15.9 克	6.1 克	9.3 克	59.9 克	1.5 克	2.3 克	4.3 克

酥脆蝦包
CRISPY PRAWN PARCELS

金黃香脆酥餅、哈里薩辣油和酸香檸檬
DELICATE GOLDEN PASTRY, HARISSA OIL & ZINGY LEMON

我設計這份食譜的目的是做一款容易成功的酥餅，它很類似我在突尼西亞嚐過、多年來我一直嘗試挑戰的經典千層酥餅。這道料理超級好玩，大膽去做就是了。

分量：4人（12個小酥餅） ｜ 時間：45分鐘

250 克高筋麵粉

400 克大的生鮮去殼國王明蝦

1 大顆蛋

1 顆檸檬

2 大匙玫瑰哈里薩辣醬

　將150毫升滾水倒入碗中，加入一撮海鹽。靜置2分鐘放涼，然後用叉子將麵粉撥入碗中，跟水一起攪拌均勻，直到可以用手揉捏成形。揉5分鐘，或直到麵團光滑有彈性。在50x50公分的乾淨檯面上抹上薄薄一層橄欖油。將麵團放到上面，用碗蓋住，靜置10分鐘醒麵。與此同時，將一半的明蝦粗略切碎，剩下的明蝦細細切碎。將蛋打散，加入明蝦。細細刨入半顆檸檬的皮屑，用海鹽和黑胡椒調味。將哈里薩辣醬用2大匙特級初榨橄欖油稀釋。

　麵團分成兩半，將其中一半麵團輕輕地壓扁攤開，另一半麵團蓋起來。慢慢抓起麵團的一個角，輕輕往外拉伸，沿著麵團的360度周邊重複同樣的動作，直到拉成一張很薄的麵皮（大約40x40公分）。將麵皮大略切成6片長方形麵皮，每片中間舀上一點哈里薩辣油。將一半的明蝦混合物平均分配到長方形麵皮上，然後大膽地將麵皮的每個角往內拉包覆內餡，大致包成6個小包，不用特別去調整形狀，必要時修補一下即可。取大的不沾平底鍋倒入1茶匙橄欖油，以中火加熱，然後放心地將酥餅放入鍋中（餡料漏出也不必擔心），每面煎2 ½分鐘，直到金黃酥脆。將剩下的麵團和餡料用同樣的步驟包完。在煎好的酥餅旁邊放上楔形檸檬塊，根據個人喜好淋上一些哈里薩辣油，上桌。

熱量	脂肪	飽和脂肪	蛋白質	碳水化合物	糖	鹽	纖維
440 大卡	17.1 克	2.6 克	26.8 克	47.7 克	1.4 克	1.2 克	2.3 克

菲達薄脆酥餅
FETA FILO TURNOVERS

新鮮馬鬱蘭、液體純蜂蜜和碎開心果
FRESH MARJORAM, RUNNY HONEY & PISTACHIO SPRINKLE

我還是青少年時到賽普勒斯度假,很驚訝當地會將菲達乳酪拿去烹調,而不只是撒在沙拉裡直接食用。對我來說,這道料理簡單到不可思議,令人滿足又印象深刻。

分量:4人 | **時間:20分鐘**

4張薄脆酥皮 (filo pastry,或稱薄脆派皮)

200克菲達乳酪

$\frac{1}{2}$把馬鬱蘭 (10克)

25克去殼無鹽開心果

液體純蜂蜜,上菜時用

　　將一張薄脆酥皮鋪在溼茶巾上,刷上薄薄一層橄欖油。將$\frac{1}{4}$份菲達乳酪捏碎撒在酥皮上,邊緣留下3公分的空間,撒上$\frac{1}{2}$的馬鬱蘭葉子。小心地將酥皮摺起,邊緣壓緊封口,將酥皮再對半摺,輕輕向下壓以固定。刷上薄薄一層橄欖油。

　　取大的不沾平底鍋,淋上一些橄欖油,以中火加熱。加入酥皮小包,每面煎2分鐘,直到金黃酥脆,然後放入上菜盤中。與此同時,將開心果搗碎或切碎。在酥皮小包上淋上蜂蜜,撒上$\frac{1}{4}$的碎開心果。將剩下的食材用同樣的步驟包完,煎好立刻上桌。

熱量	脂肪	飽和脂肪	蛋白質	碳水化合物	糖	鹽	纖維
269大卡	15.6克	9.1克	11.4克	22克	9.2克	1.1克	1.1克

高麗菜捲
STUFFED CABBAGE LEAVES

香腸和米飯鑲餡、茄汁和爆漿卡門貝爾乳酪
SAUSAGE & RICE FILLING, TOMATO SAUCE & OOZY CAMEMBERT

我超喜歡高麗菜捲料理，但是這種料理通常需要用到很多食材和很多步驟，所以我用幾個偷吃步的作法來簡化過程，讓忙碌的家庭也能輕鬆做出這道料理。

分量：4人 | **時間：1小時**

1 大顆皺葉高麗菜（savoy cabbage）

6 根辣味香腸（共 400 克）

2 包熟印度香米飯（各 250 克）

2 罐李子番茄罐頭（各 400 克）

1 塊 250 克圓形卡門貝爾乳酪

　　烤箱預熱至 180°C。切下 8 片大的皺葉高麗菜葉（我喜歡黃一點的菜葉——剩下的高麗菜留著改天再用）。切除粗硬的莖梗，放入一大鍋加了鹽的滾水中燙 6 分鐘，直到菜葉軟到可以摺疊，然後瀝乾水。將菜葉放到自來水下沖冷，然後用乾淨的茶巾拍乾。與此同時，將香腸肉從腸衣中取出，用海鹽和黑胡椒調味，然後揉碎並跟米飯一起拌勻。將餡料分成 8 份，大致捏塑成圓柱形。

　　將 8 片皺葉高麗菜葉攤開平放，每片中間放上一份香腸肉，摺起菜葉捲成 8 捲。用乾淨的雙手將番茄揉碎到大的淺法國砂鍋中。加入 1/2 罐頭的水量，適當調味，然後慢火煮沸。將高麗菜捲接口朝下，小心地沿著鍋緣逐一放入茄汁中。在卡門貝爾乳酪邊緣劃上幾刀，放到鍋子中央。將鍋子放入烤箱，烤 30 分鐘。將大部分融化的乳酪舀到高麗菜捲上，然後再烤 10 分鐘，直到呈現漂亮的金黃色。上桌前，撒上一撮額外的黑胡椒，根據個人喜好淋上一些特級初榨橄欖油。搭配酥脆麵包或馬鈴薯泥非常美味。

熱量	脂肪	飽和脂肪	蛋白質	碳水化合物	糖	鹽	纖維
682 大卡	39.8 克	18 克	36.5 克	46.7 克	10.7 克	2.5 克	6.3 克

鑲餡薄餅捲
STUFFED FOLDED FLATBREAD

地中海蔬菜、新鮮薄荷、開心果和香濃菲達乳酪
MEDITERRANEAN VEG, FRESH MINT, PISTACHIO & TANGY FETA

受到土耳其傳統薄餅派德（pide，土耳其披薩）的啟發，我做了這道簡易但風味絲毫不減的版本，提供你一道方便帶著走的午餐或晚餐，無論熱食或冷食都很美味。

分量：4人　｜　時間：1小時

700 克冷凍炭烤地中海蔬菜

400 克自發麵粉，另備一些防沾黏用

1 把薄荷（30 克）

30 克去殼無鹽開心果

100 克菲達乳酪

　　烤箱預熱至200℃。取大的不沾平底鍋倒入1大匙橄欖油，加入冷凍蔬菜，以中大火煮15分鐘，直到蔬菜變得又軟又甜，過程中不時攪拌。與此同時，將麵粉倒入碗中，加入一小撮海鹽，然後慢慢倒入275毫升的水，邊倒水邊用叉子攪拌均勻。將麵團倒到撒了麵粉的檯面上，揉幾分鐘，直到麵團變得光滑，然後蓋起來靜置醒麵。

　　蔬菜快煮好時，摘下薄荷葉並粗略切碎。開心果搗碎或切碎，然後將一半的開心果和大部分的薄荷葉一起倒入蔬菜中翻拌均勻。將一半的菲達乳酪捏碎並撒上去，然後適當調味。將麵團分成4份，分別擀成大約12x16公分的麵皮。在每張麵皮中央各別舀上¼的餡料，然後分別將最短邊的兩個角捏起、摺皺褶（如成品圖所示）。放入抹了油的烘焙烤盤中，將剩下的菲達乳酪捏碎並撒上去。將麵皮刷上橄欖油，放入烤箱，烤20分鐘，直到金黃熟透。撒上剩下的薄荷葉和開心果，上桌。

熱量	脂肪	飽和脂肪	蛋白質	碳水化合物	糖	鹽	纖維
654 大卡	17.9 克	6 克	20 克	104.3 克	18.6 克	1.5 克	11.1 克

烤盤青醬披薩派
TRAYBAKED PESTO PIZZA PIE

芬芳朝鮮薊、甜櫻桃番茄和莫札瑞拉乳酪
FRAGRANT ARTICHOKES, SWEET CHERRY TOMATOES & MOZZARELLA

誰不愛披薩呢？ 美味的披薩百百款，這款偷吃步麵團在你臨時想吃披薩時，也能輕鬆準備一餐。只要簡單備個料，其他的交給烤箱就行了。

分量：4人 | **備料時間：15分鐘** | **烹調時間：30分鐘**

500克自發麵粉，另備一些防沾黏用

2大匙青醬

1球125克水牛莫札瑞拉乳酪

350克熟的混色櫻桃番茄

1罐玻璃罐裝油漬朝鮮薊心（280克）

　　烤箱預熱至200℃。在25x35公分的烘焙烤盤內抹一些橄欖油。將麵粉倒入碗中，加入一小撮海鹽，然後慢慢倒入275毫升的水，邊倒水邊用叉子攪拌均勻。將麵團倒到撒了麵粉的檯面上，揉幾分鐘，直到麵團變得光滑，然後用擀麵棍將麵團擀成比烤盤稍大的長方形麵皮，過程中在擀麵棍上撒些額外的麵粉。小心地將麵皮拿起並移入烤盤中，讓邊緣懸在烤盤外面。將整張麵皮抹上青醬，然後撕碎並撒上莫札瑞拉乳酪。

　　櫻桃番茄對半切，取出朝鮮薊並把油留下。將番茄和朝鮮薊淋上1大匙醃漬的油，加入一撮黑胡椒拌勻，然後撒到麵皮上。將懸在烤盤外面的麵皮往內摺捲做成餅皮，沒有鋪到料的麵皮再刷上一點醃漬的油。將烤盤放到烤箱最下層的架子上，烤30分鐘，直到金黃膨起。搭配沙拉一起享用非常美味。

熱量	脂肪	飽和脂肪	蛋白質	碳水化合物	糖	鹽	纖維
599 大卡	17 克	5.9 克	7.4 克	90.9 克	2.9 克	2.4 克	7 克

海鮮
SEAFOOD

香滑淡菜燉飯
OOZY MUSSEL RISOTTO

芬芳甜茴香、甜番茄和帕馬森乳酪
FRAGRANT FENNEL, SWEET TOMATOES & PARMESAN

你需要堅定不移地追求濃郁風味，才有辦法只有五種食材就做出義大利最受喜愛的燉飯。鮮美多汁的淡菜常常沒被好好利用，但它們是價值很高、健康和超級永續的食材選擇。

分量：4人 | **時間：40分鐘**

1大顆甜茴香，盡量選頂端帶有葉子的

600克熟番茄

300克燉飯米

1公斤淡菜（貽貝），刷洗乾淨，拔除鬚足

30克帕馬森乳酪，另備一些上菜時用

　　切除甜茴香球莖不要的部分，保留頂端的葉子並泡入冷水中。其餘部分切碎。取大深鍋倒入2大匙橄欖油，放入甜茴香，以中大火煮10分鐘，直到變軟。過程中不時攪拌。與此同時，將番茄切成6瓣，去掉瓤中的籽（為免浪費，將籽用粗篩網過篩，擠出甜美的汁液）。

　　燒開一壺水。將米加入鍋中拌2分鐘。先加入一些滾水，待水被充分吸收後再加一些，不斷攪拌、反覆加水，這個過程需要持續12分鐘。檢查淡菜，輕敲一下打開的貝殼，如果沒有閉上，把它丟掉。將淡菜、番茄和汁液拌入米中，蓋上鍋蓋煮7分鐘，直到淡菜全部打開（如果還有貝殼沒有打開，把它丟掉）、米飯煮透為止。關火，細細刨入帕馬森乳酪，淋上2大匙特級初榨橄欖油攪拌均勻，然後適當調味。我會趁米飯靜置的幾分鐘時間，將一半的淡菜去殼。撒上剛才預留的甜茴香葉，根據個人喜好刨上另外準備的帕馬森乳酪。

熱量	脂肪	飽和脂肪	蛋白質	碳水化合物	糖	鹽	纖維
559 大卡	18.2 克	3.8 克	21.7 克	83.5 克	4.7 克	1 克	8 克

義式培根明蝦串
PANCETTA PRAWN SKEWERS

多汁番茄沙拉佐酥脆大蒜和迷迭香
JUICY TOMATO SALAD WITH CRISPY GARLIC & ROSEMARY

這道簡單的沙拉採用南歐各地幾種常見的食材，不用20分鐘就能製作完成。使用當季熟番茄可以獲得最佳風味。

分量：2人　│　時間：18分鐘

500克熟透混色番茄

8隻大的生鮮帶殼國王明蝦

4片煙燻義式培根

2大枝硬枝迷迭香

2瓣大蒜

　　將番茄切成薄片，整齊地擺在上菜盤中。撒上一點海鹽和黑胡椒，淋上1大匙特級初榨橄欖油和½大匙紅酒醋。將明蝦剝殼，保留頭尾。我喜歡用銳利小刀劃開蝦背，剔除腸泥，這樣蝦子在烹調的時候就會展開成蝴蝶狀。將每片培根切成兩半，每半片培根包一隻蝦。摘下迷迭香莖枝上大部分的葉子，用莖枝（或竹籤）串起蝦子。將大蒜去皮、切成薄片。

　　取大的不沾平底鍋，以大火燒熱，倒入一點橄欖油，放入明蝦。煎2分鐘，翻面並加入迷迭香葉子。再煎2分鐘，直到金黃酥脆，煎到最後幾分鐘時加入大蒜。將所有食材盛到番茄上即可。

熱量	脂肪	飽和脂肪	蛋白質	碳水化合物	糖	鹽	纖維
272 大卡	12.3 克	2.3 克	31.6 克	9.3 克	7.6 克	1.6 克	3.4 克

香煎魷魚
SIZZLING SQUID

喬利佐香腸、番茄、薄荷和檸檬醬
CHORIZO, TOMATO, MINT & LEMON SAUCE

在整個地中海沿岸地區都可以看到各種大膽結合海陸食材的料理，兩類食材的搭配美妙無比──這道食譜完美調和所有我喜歡的食材。

分量：2人　｜　時間：16分鐘

2 大顆熟透番茄（共 300 克）

300 克整隻魷魚，洗淨、去除內臟

70 克喬利佐香腸或辣味香腸

½ 把薄荷（15 克）

1 顆檸檬

　　番茄切半，切面朝下用四面刨絲器細細磨碎，磨至最後丟掉番茄皮。將魷魚劃開，像翻書一樣翻開，以 0.5 公分的間距在內面輕輕交叉切花刀，切下並保留魷魚腳備用，然後以海鹽和黑胡椒調味。將喬利佐香腸切片（如果使用辣味香腸，把它剝碎），摘下薄荷葉。取大的不沾平底鍋放到超大火上加熱。3 分鐘後，淋上 1 大匙橄欖油，將魷魚切花刀的一面朝下放入鍋中，用煎魚鏟將魷魚往下壓煎 1 分鐘，然後加入魷魚腳和喬利佐香腸（或辣味香腸）。撒入一半的薄荷葉，續煮 3 分鐘，過程中不時翻拌。

　　先將煎熟的切花刀魷魚盛盤，番茄泥倒入鍋中，擠入一些檸檬。續煮 2 分鐘，或直到醬料變稠、收汁，然後等量分盛兩盤。將切花刀魷魚切成約 0.5 公分寬的細片，與剩下的薄荷葉一起撒到醬料上。將剩下的檸檬切成楔形塊狀用於擠汁，與魷魚一起上桌。

熱量	脂肪	飽和脂肪	蛋白質	碳水化合物	糖	鹽	纖維
344 大卡	20.5 克	5.8 克	32.6 克	7.8 克	5.1 克	1.7 克	1.9 克

黏穀檸檬蝦
STICKY LEMONY PRAWNS

焦香櫛瓜、綜合穀物和開心果
CHARRED COURGETTES, MIXED GRAINS & PISTACHIOS

希臘人對穀物的喜愛激發了我創作這道料理的靈感。這道食譜使用櫛瓜、檸檬、開心果和美妙的明蝦，有趣的享用方式令人驚豔。

分量：2人 | **時間：28分鐘**

2條櫛瓜

8隻大的生鮮帶殼國王明蝦

30克去殼無鹽開心果

2顆檸檬

1包綜合熟穀物（250克）

　　取大的不沾平底鍋以大火加熱。切除櫛瓜頭尾，切成薄圓片，分批放入熱鍋中，將一面乾煎到焦香，然後取出放入碗中。與此同時，將明蝦剝殼，保留頭尾。我喜歡用銳利小刀劃開蝦背，剔除腸泥，這樣蝦子在烹調的時候就會展開成蝴蝶狀。明蝦拌入1大匙橄欖油，再用海鹽和黑胡椒調味。將開心果搗或切成細末，再用削皮器從其中一顆檸檬中削下條狀檸檬皮。

　　櫛瓜全部煎好之後，將穀物、1顆量的檸檬汁、2大匙特級初榨橄欖油和一半的開心果放入碗中，然後適當調味。轉成中大火，倒入明蝦和檸檬皮煎1分鐘，然後翻面。接著將穀物混合物倒入鍋中，用鍋鏟將穀物壓入明蝦之間和四周。煮3分鐘，然後取一個上菜盤蓋住鍋子裡的食材，大膽快速地倒扣到盤子裡——不用擔心料理碎落。撒上剩餘的開心果，放上楔形檸檬塊用於擠汁，上桌。

熱量	脂肪	飽和脂肪	蛋白質	碳水化合物	糖	鹽	纖維
548 大卡	31.5 克	4.6 克	21.7 克	43.7 克	7.4 克	1.3 克	7.4 克

黑魷魚
BLACK SQUID

酥脆奧勒岡、大蒜、血腸和紅酒
CRISPY OREGANO, GARLIC, BLACK PUDDING & RED WINE

西班牙人很喜歡血腸搭配海鮮的組合——我也喜歡，於是有了靈感做出這道快速、濃厚又美味的燉菜，真正凸顯並提升魷魚的細緻風味。

分量：2人 | 時間：16分鐘

300克整隻魷魚，洗淨、去除內臟
½把奧勒岡（10克）
2瓣大蒜
200克血腸
200毫升紅酒

切下並保留魷魚腳，剩下的部分切成圈狀，用一點橄欖油和海鹽翻拌。取大的不沾平底鍋倒入1大匙橄欖油，摘下並放入奧勒岡葉，以中大火煎到酥脆，然後盛盤。將大蒜去皮、切片，加入鍋中煎到稍微金黃。將血腸去掉腸衣，捏碎放入鍋中，加入魷魚腳，再煎3分鐘，邊煎邊用湯匙把血腸弄碎。拌入紅酒，繼續煮到冒泡，然後加入一些水，稀釋到義大利肉醬（ragù，長時間溫火燉煮的肉醬）的稠度，再用海鹽和黑胡椒適當調味。轉到中小火，鋪上魷魚圈。蓋上鍋蓋，續煮5分鐘，直到魷魚變得軟嫩。撒上酥脆奧勒岡，根據個人喜好淋上一些特級初榨橄欖油，上桌。

熱量	脂肪	飽和脂肪	蛋白質	碳水化合物	糖	鹽	纖維
548 大卡	31.8 克	9.6 克	32.8 克	17.7 克	0.6 克	2.8 克	0.4 克

豪華明蝦和豆子
EPIC PRAWNS & BEANS

哈里薩辣醬和蒜味酸種麵包丁
HARISSA & GARLICKY SOURDOUGH CROUTONS

這真是快速又可口美味的一餐——鮮紅色的突尼西亞哈里薩辣醬讓平凡的豆子也變得華麗起來。與之形成對比的，是簡單烹調的蒜味明蝦和麵包丁。哇嗚！

分量：2人 │ **時間：20分鐘**

175克酸種麵包

300克大的生鮮去殼國王明蝦

6瓣大蒜

½罐玻璃罐裝白腰豆（700克），或1罐白腰豆罐頭（400克）

1大匙哈里薩或玫瑰哈里薩辣醬

　　將麵包切成2.5公分見方的小丁，放入大的不沾平底鍋，以大火烤到金黃，過程中不時翻動。與此同時，將明蝦剔除腸泥，放入碗中，加入1大匙橄欖油和一撮海鹽和黑胡椒。將大蒜去皮、切成薄片，加入明蝦中一起翻拌。另取鍋，將白腰豆連同湯汁一起倒入鍋中，加入哈里薩辣醬，蓋上鍋蓋，慢煮5分鐘，直到變稠，過程中偶爾攪拌。麵包烤到金黃之後取出，將碗裡的明蝦等食材倒入平底鍋中。加入一些紅酒醋，煮2分鐘，直到明蝦剛好煮熟，過程中不時翻拌。嚐一下豆子並適量調味，然後等量分盛兩盤。再擺上明蝦、放上酥脆麵包丁，開吃。

熱量	脂肪	飽和脂肪	蛋白質	碳水化合物	糖	鹽	纖維
431 大卡	10.5 克	1.6 克	40.5 克	38.7 克	2.2 克	1.8 克	8.4 克

燉魷魚
CALAMARI STEW

番茄、豌豆、四季豆和波紋法式酸奶油
TOMATOES, PEAS, BEANS & CRÈME FRAÎCHE RIPPLE

我從小就認為燉煮料理都是以肉類為主，但在地中海卻有一些極其美味的燉煮海鮮料理。我在這裡是用冷凍豌豆和四季豆，但也可根據個人喜好，使用新鮮或罐裝豌豆和四季豆都可以。

分量：4人 | **時間：40分鐘**

600克整隻魷魚，洗淨、去除內臟

4瓣大蒜

320克綜合冷凍四季豆和豌豆

2罐李子番茄罐頭（400克）

2大匙半脂法式酸奶油

　　取大的不沾平底鍋倒入1大匙橄欖油，放入魷魚，以中火煎3分鐘，過程中不時翻動。將大蒜去皮、切成薄片，放入鍋中，再煎3分鐘，然後倒入冷凍四季豆和豌豆。用乾淨的雙手將番茄揉碎到鍋中，充分攪拌所有食材，然後蓋上鍋蓋，小火慢燉30分鐘，直到魷魚變得軟嫩，過程中偶爾攪拌。將魷魚取出、切成大塊，放回鍋中，並用海鹽和黑胡椒適當調味。拌入法式酸奶油，淋上一些特級初榨橄欖油，根據個人喜好搭配酥脆麵包一起上桌。

熱量	脂肪	飽和脂肪	蛋白質	碳水化合物	糖	鹽	纖維
253 大卡	7.9 克	1.9 克	30.5 克	16.3 克	8.9 克	0.5 克	6.5 克

明蝦飯
PRAWN RICE

慢煮洋蔥、甜椒和檸檬
VERY SLOW-COOKED ONIONS, SWEET PEPPERS & LEMON

加泰隆尼亞（Catalonia）有各種美味無比的飯類料理，遠遠不只有海鮮燉飯（paella）而已，所以我用旅途中學到的作法，做出這道非常可口、人人喜愛的簡單料理。

分量：4人　|　時間：1小時

4顆洋蔥

12隻大的生鮮帶殼國王明蝦

3顆混色甜椒

300克燉飯米

1顆檸檬

　燒開一壺水。將洋蔥去皮、切碎。取法國砂鍋倒入2大匙橄欖油，放入洋蔥，以中小火炒30分鐘，直到呈現深金棕色，過程中不時攪拌（這個步驟對於煮出濃郁風味非常重要──炒到顏色愈深愈好）。與此同時，剝下7隻明蝦的殼，拿掉蝦頭（大部分的美妙風味都來自蝦頭），剔除腸泥，粗略切碎，放到一旁備用。另取小鍋，倒入1大匙橄欖油，放入蝦頭和蝦殼，煎2分鐘，一邊擠壓翻動，逼出美味的蝦油，然後加入1公升滾水，慢煮到稍微收汁、熬成高湯。

　與此同時，將甜椒去籽、切成1公分的小丁。洋蔥炒好之後，將米加入鍋中炒2分鐘。將蝦高湯過濾到大量杯中，杯中加入滾水至800毫升，然後倒入煮米的鍋中。蓋上鍋蓋，煮15分鐘，煮到最後5分鐘時，加入甜椒和切碎的明蝦，充分攪拌所有食材，用海鹽和黑胡椒適當調味。將剩下的明蝦去殼、剔除腸泥，保留頭尾，漂亮地擺在飯上，並用鍋鏟壓入米飯中。蓋上鍋蓋，續煮5分鐘，然後打開鍋蓋。聽到米飯發出輕微爆裂聲時，代表可以上桌了。將檸檬切成楔形塊狀，用於擠汁。

熱量	脂肪	飽和脂肪	蛋白質	碳水化合物	糖	鹽	纖維
445 大卡	8 克	1.2 克	14.9 克	83.6 克	16.5 克	0.8 克	7.6 克

克羅埃西亞淡菜
CROATIAN MUSSELS

蒜味麵包粉、白酒和番茄
GARLIC BREADCRUMBS, WHITE WINE & TOMATOES

這道超級快速又簡單的食譜靈感來自克羅埃西亞（Croatian）菜餚「布扎拉」（buzara），意思就是燉煮料理。我在裡面加了番茄，搭配葡萄酒、香草和蒜味麵包粉真是絕配。

分量：2人 ｜ 時間：14分鐘

50克大蒜麵包

600克淡菜（貽貝），刷洗乾淨，拔除鬍足

1把平葉巴西里（30克）

250克熟的混色櫻桃番茄

150毫升白酒

　　大蒜麵包用調理機打成麵包粉，放入大的法國砂鍋中，以中火乾炒，過程中不時攪拌。與此同時，檢查淡菜——如果貝殼打開，輕敲一下應該就會閉上，如果沒有閉上，把它丟掉。將巴西里連同莖枝一起切成細末，番茄對半切。麵包粉炒到金黃色時，將大部分的麵包粉盛盤。將火轉成大火，加入貽貝、巴西里、白酒、番茄和1大匙橄欖油，煮2分鐘。充分攪拌，然後加入50毫升的水，蓋上鍋蓋，煮3分鐘。

　　待淡菜全部打開，變得軟嫩多汁時，就可以出鍋了。如果還有貝殼沒有打開，把它取出丟掉。盛盤，上桌前淋上一些特級初榨橄欖油，旁邊擺上剩餘的酥脆麵包粉，吃的時候可以撒在上面。

熱量	脂肪	飽和脂肪	蛋白質	碳水化合物	糖	鹽	纖維
252 大卡	18.6 克	4.2 克	17 克	18.3 克	5.1 克	1 克	2.6 克

山珍海味串
SEA & MOUNTAIN SKEWERS

明蝦、火腿和蕈菇、焦香韭蔥和綿密豆子
PRAWNS, HAM & MUSHROOMS, BURNT LEEKS & CREAMY BEANS

來自海洋和山間的食材，在地中海沿岸各地碰撞出美妙的滋味。更吸引人的是，明蝦與蕈菇在這道料理中的交融真是天作之合。

分量：2人 │ **時間：45分鐘**

2根中型韭蔥

8隻大的生鮮帶殼國王明蝦

160克綜合蕈菇

40克伊比利黑蹄火腿或優質西班牙火腿

1罐玻璃罐裝白豆（700克）

　烤箱預熱至180°C。將整根韭蔥直接放到烤架上烤40分鐘，直到焦黑。與此同時，剝下蝦頭，將裡面的蝦膏擠入小碗（聽起來很噁心，不過請相信我！）。剝下蝦殼，保留蝦尾，剔除腸泥，放到一旁備用。取小的不沾平底鍋，淋入4大匙橄欖油，放入蝦殼和蝦頭，以中火煎10分鐘，一邊擠壓翻動，逼出蝦油，然後丟掉蝦殼和蝦頭。與此同時，將較大朵的蕈菇切成薄片，伊比利黑蹄火腿撕成小片（如有需要的話），然後小心地將明蝦、蕈菇和火腿串成4串（有時我會用長的、木質化的迷迭香莖枝來串），食材之間不要串得太密。

　剝除韭蔥外層的葉子，剩下的部分切成細末，跟豆子（連同湯汁）和剛才預留的蝦膏一起放入中型不沾平底鍋中。煮到微滾後，加入海鹽和1大匙紅酒醋適當調味，如有需要，加入一些水稍微稀釋。另取大的不沾平底鍋，淋上橄欖油，放入山珍海味串，以中大火煎5分鐘（或是放到烤肉架上烤），直到金黃熟透，過程中偶爾翻動，並用煎魚鏟輕壓。將豆子舀入溫熱的上菜盤中，放上山珍海味串，淋上蝦油，上桌。

熱量	脂肪	飽和脂肪	蛋白質	碳水化合物	糖	鹽	纖維
589 大卡	31.4 克	5.5 克	36.6 克	40.1 克	5.3 克	1.2 克	13.3 克

    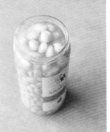

魚類
FISH

鯛魚佐烤葡萄
BREAM & ROASTED GRAPES

綿密芥末醬和軟嫩菠菜
CREAMY MUSTARD SAUCE & WILTED BABY SPINACH

我曾與一位擅長地方歷史料理的希臘廚師一同做菜，很驚訝地看到他把葡萄拿來火烤，不過烤葡萄的酸甜滋味搭配魚肉非常美味，於是我也用同樣的作法做了這道料理。

分量：2人　│　時間：25分鐘

500克熟的混色無籽葡萄

2尾整尾鯛魚（各300克），去除魚鱗、內臟和魚鰓

300克嫩菠菜

2大匙芥末籽醬

2大匙法式酸奶油

　　烤箱預熱至220°C。摘下葡萄，放入深烤盤中，進烤箱烤5分鐘。烤好之後，將魚塞入葡萄之間，從高處撒下海鹽和黑胡椒調味，淋上1大匙橄欖油，再烤15分鐘。想要知道魚烤好沒，可以檢查靠近魚頭、魚肉最厚之處，如果魚肉可以輕易地從魚骨上剝離，代表魚烤好了。

　　取大的不沾平底鍋倒入1大匙橄欖油，放入菠菜，以大火炒軟，然後適當調味。將菠菜放入濾盆，擠掉多餘的汁液，然後等量分盛兩盤。將魚放在菠菜上，舀上大部分的葡萄。將烤盤放到爐子上，以中火一邊加熱，一邊用搗泥器輕輕地將剩下的葡萄壓碎。加入芥末籽醬和法式酸奶油，混合均勻並煮滾。邊嚐邊調整味道，如有需要，可以加一些水稍微稀釋，然後舀到鯛魚上。在桌子中央放一個空盤子裝魚骨。

熱量	脂肪	飽和脂肪	蛋白質	碳水化合物	糖	鹽	纖維
496 大卡	20.1 克	5.3 克	38.7 克	42.6 克	42.4 克	1.2 克	3.2 克

香煎鮪魚沙拉
SEARED TUNA SALAD

焦香四季豆、菲達乳酪拌馬鈴薯和橄欖
CHARRED BEANS, FETA-DRESSED POTATOES & OLIVES

新鮮鮪魚不但美味，烹調起來也很快速。煎到焦香的四季豆能提升味道的層次。我覺得這道料理帶有法式尼斯沙拉的輪廓，不過濃郁的菲達乳酪拌馬鈴薯卻充滿希臘島嶼的精髓。

分量：2人　│　時間：14分鐘

220 克四季豆

10 顆混色醃橄欖

2 塊鮪魚排（各150克），厚度最好有2公分

1 罐迷你馬鈴薯（new potato）[10] 罐頭（567 克）

70 克菲達乳酪

　　取大的不沾平底鍋以大火加熱。切除四季豆頭尾，放入鍋中煎到焦香，過程中偶爾翻動。將鮪魚排抹上 ½ 大匙醃橄欖的醃汁或橄欖油。將橄欖撕碎（如有核，請先去核）。將馬鈴薯瀝乾、切片。將菲達乳酪和一些原本的鹽水放入研缽或調理機中，打到滑順，如有需要，可以加一些水稍微稀釋。用黑胡椒調味，與馬鈴薯一起翻拌，然後等量分盛兩盤。

　　四季豆烤好後，加入撕碎的橄欖，淋上一些紅酒醋和特級初榨橄欖油一起翻拌，然後撒到馬鈴薯上。平底鍋以大火重新加熱，放入鮪魚排，每面各煎1分鐘，直到表面呈現漂亮的金黃色，裡面仍是粉紅色的程度。我會把鮪魚排稍微剝碎放到沙拉上，再撒一撮黑胡椒做最後裝飾，然後上桌。

10　迷你馬鈴薯是指尚未完全成熟，提早採收的馬鈴薯，外皮較薄，帶有蠟質。由於糖分尚未轉為澱粉，因此味道較甜。——譯註

熱量	脂肪	飽和脂肪	蛋白質	碳水化合物	糖	鹽	纖維
433 大卡	13.1 克	5.8 克	48.2 克	30 克	4.1 克	1.7 克	5.2 克

愛歐里蒸魚
STEAMED FISH AÏOLI

迷你馬鈴薯、迷你胡蘿蔔和新鮮羅勒
NEW POTATOES, BABY CARROTS & FRESH BASIL

法國南部有一道用水煮時蔬、雞蛋、蒜味美乃滋和鹽漬鱈魚做成的熱門料理，叫做「愛歐里」（aïoli，這道菜名正好與大蒜蛋黃醬 aioli 拼法相同），這是我用五種食材呈現的版本。

分量：4人　｜　時間：27分鐘

4片白肉魚菲力（各150克），帶皮、去鱗、去刺

750克迷你馬鈴薯

500克迷你胡蘿蔔

1把羅勒（30克）

滿滿4大匙蒜味美乃滋

　　每片魚片抹上1茶匙海鹽（不用擔心，等一下會洗掉），放到一旁備用。將馬鈴薯放入大鍋中（較大的要對半切），加入燒開的鹽水淹過馬鈴薯，以中火煮10分鐘，然後加入胡蘿蔔。將魚片沖洗乾淨，用廚房紙巾拍乾，然後魚皮朝上，放入一個抹了油的濾盆，架到鍋子上面（注意別讓鍋裡的水淹到濾盆裡面），蓋上蓋子。再煮10分鐘，直到蔬菜剛好變嫩、魚肉熟軟的程度。

　　與此同時，摘下羅勒葉放入研缽中（保留幾片漂亮的葉子裝飾用），搗成糊狀，然後拌入蒜味美乃滋中。將魚皮剝除、丟掉，等量分盛四盤。蔬菜瀝乾，平均分入盤中，最後裝點上一大勺香草蒜味美乃滋和剛才預留的羅勒葉，根據個人喜好撒上一大撮黑胡椒、淋上特級初榨橄欖油，上桌。

熱量	脂肪	飽和脂肪	蛋白質	碳水化合物	糖	鹽	纖維
389 大卡	10.6 克	1.4 克	32.2 克	43.9 克	8.8 克	1.8 克	5.4 克

哈里薩海鱸
HARISSA SEA BASS

酥烤馬鈴薯、速成彩色醃菜
CRISPY ROAST POTATOES, SPEEDY COLOURFUL VEG PICKLE

這道料理中的甜菜和胡蘿蔔配菜，發想自突尼西亞市場的美味醃蔬菜，嚐起來夠味帶勁，搭配用美妙的哈里薩調味的海鱸和超酥脆的馬鈴薯，風味一絕。

分量：2人　｜　時間：1小時

500克紅皮或馬里斯派伯馬鈴薯

2尾整尾海鱸、鱒魚或鯛魚（各300克），去鱗、去除內臟

2大匙玫瑰哈里薩辣醬

160克迷你胡蘿蔔

160克混色櫻桃蘿蔔，盡量挑選有葉子的

　　烤箱預熱至200℃。馬鈴薯削皮，切成1公分厚的片狀，然後加入1大匙橄欖油，以及一撮海鹽和黑胡椒翻拌均勻。將馬鈴薯放入深烤盤中，進烤箱烤20分鐘。與此同時，以2公分的間隔在魚的兩面劃花刀，然後抹上一半的哈里薩辣醬。將烤好的馬鈴薯翻面，然後將魚塞入馬鈴薯之間，再烤20分鐘，直到魚剛好烤熟。

　　將胡蘿蔔和櫻桃蘿蔔刷洗乾淨，切除不要的部分，然後斜切成0.5公分厚的片狀（如有的話，可以用波浪刀來切），保留一些小片的鮮美櫻桃蘿蔔嫩葉。將胡蘿蔔和櫻桃蘿蔔放入碗中，多撒上一點海鹽和黑胡椒，淋上1大匙特級初榨橄欖油、2大匙紅酒醋和剩下的哈里薩辣醬，翻拌均勻。將馬鈴薯和醃蔬菜盛到魚上，上桌。

熱量	脂肪	飽和脂肪	蛋白質	碳水化合物	糖	鹽	纖維
520 大卡	21.1 克	2.1 克	32.6 克	52.4 克	7.6 克	1.8 克	6.4 克

萊姆漬鱸魚
LIME-CURED SEA BASS

多汁水蜜桃、酥脆魚皮、龍蒿和鮮辣椒
JUICY PEACH, FISH CRACKLING, TARRAGON & FRESH CHILLI

這道料理的靈感來自一群優秀的法國廚師,他們帶我乘船到馬賽附近一座小島,教我用柑橘和香草醃漬鮮魚,我用這道料理呈現那個夏季帶給我的愉悅。

分量:當作前菜4人 | **時間:15分鐘**

2片超級新鮮的白肉魚菲力(各150克),例如海鱸或鯛魚,剝下並保留魚皮,去刺

4顆萊姆

1顆熟的水蜜桃

½把龍蒿(10克)

1-2根混色辣椒

　　請魚販幫你將最新鮮的白肉魚切成魚片,剝下魚皮給你,並將去掉刺的魚片切成1公分見方的小塊。取不沾平底鍋淋上一些橄欖油,放入魚皮,以中火煎3分鐘,直到酥脆,煎到一半時翻面,煎好後盛盤。

　　細細刨下1顆萊姆的皮屑,放到一旁備用,然後將全部4顆萊姆的汁擠入淺碗中,撒入一大撮海鹽和黑胡椒調味。將魚塊拌入醬汁中,開始醃漬魚肉。將水蜜桃去核、切成薄片,摘下龍蒿葉,辣椒切成薄片,然後全部倒入裝有魚塊的淺碗中翻拌。將酥脆魚皮掰碎、放到上面,撒上剛才預留的萊姆皮屑,根據個人喜好淋上一些特級初榨橄欖油,上桌。

熱量	脂肪	飽和脂肪	蛋白質	碳水化合物	糖	鹽	纖維
166 大卡	9.3 克	1.9 克	15.7 克	5.5 克	4.7 克	0.6 克	0.8 克

快速鹽漬鱈魚
QUICK SALT COD

酥脆馬鈴薯、絲滑炒蛋、巴西里和酸豆橄欖醬
CRISPY POTATOES, SILKY EGGS, PARSLEY & OLIVE TAPENADE

雖然葡萄牙不在地中海的海岸線上，但也被列為地中海國家。這個版本的炸魚薯條靈感來自布拉斯式鱈魚乾（bacalhau à Brás），是我對這道葡萄牙國民療癒美食的簡易版作法。

分量：2人 | **時間：30分鐘**

2片鱈魚菲力（各150克），帶皮，去鱗、去刺

500克馬里斯派伯馬鈴薯

2大顆蛋

½把平葉巴西里（15克）

2茶匙酸豆黑橄欖醬

在鱈魚上多抹一些海鹽（不用擔心，等一下會洗掉），放到一旁備用。與此同時，將馬鈴薯刷洗乾淨，切成1公分見方的小丁。取大的不沾平底鍋倒入2大匙橄欖油，放入馬鈴薯，撒上一撮海鹽和黑胡椒，以中火煎10分鐘，直到略呈金黃色，過程中偶爾翻動。

魚片沖洗乾淨，用廚房紙巾拍乾（這道快速鹽漬手續除了可以幫魚調味，更重要的是能讓魚肉更有層次且多汁）。將馬鈴薯堆到鍋子的一邊，加入魚片，每面煎3.5分鐘，直到剛好煎熟，也別忘了注意一下馬鈴薯。與此同時，將蛋打入碗中打散。摘下一半的巴西里葉放到一旁，然後將剩下的巴西里連同莖枝切碎、加入蛋液中。鍋子離火，將魚盛盤，然後將巴西里蛋液倒入鍋中的酥脆馬鈴薯上。快速翻拌30秒（鍋子裡的餘溫能讓蛋炒到絲滑柔軟），然後等量分盛兩盤。將魚皮丟掉，魚肉剝開成片狀，鋪到馬鈴薯上，然後點綴上酸豆橄欖醬。撒上剩下的巴西里葉，淋上一些特級初榨橄欖油和紅酒醋。搭配新鮮綠色沙拉一起享用非常美味。

熱量	脂肪	飽和脂肪	蛋白質	碳水化合物	糖	鹽	纖維
377 大卡	16.2 克	2.9 克	37.4 克	22 克	1.1 克	1.8 克	2.2 克

燉白肉魚
WHITE FISH STEW

柔嫩慢煮韭蔥和檸檬醬
SILK SLOW-COOKED LEEK & LEMON SAUCE

這道料理看似不起眼,但用這種方式烹調的魚肉卻很美味。它採用經典的希臘技巧,利用蛋和檸檬將湯汁變成絲滑的醬汁。

分量:4人 | **時間:32分鐘**

2大根韭蔥

4片白肉魚菲力(各150克),帶皮、去鱗、去刺,厚度最好有2公分

2大匙中筋麵粉

1顆檸檬

2大顆蛋

　　將韭蔥清洗乾淨,切除不要的部分,並切薄片,放入大的法國砂鍋中,倒入1大匙橄欖油和200毫升的水。以海鹽和黑胡椒調味,蓋上鍋蓋,小火慢煮20分鐘,煮到韭蔥變軟變甜,過程中不時攪拌。快煮好時,取大的不沾平底鍋倒入2大匙橄欖油,以大火加熱。魚片裹上麵粉,放入鍋中,每面煎2分鐘,然後塞入砂鍋中的韭蔥之間。倒入250毫升的滾水,蓋上鍋蓋,以中火煮4分鐘。

　　與此同時,檸檬皮刨細末,放到一旁備用,將檸檬汁擠入碗中。將蛋黃和蛋白分開(蛋白留著改天做蛋白霜),蛋黃放入檸檬汁中,加入一撮海鹽,攪打均勻。將砂鍋的蓋子打開,舀一大匙鍋中的湯汁到蛋黃混合物中,繼續攪打。鍋子離火,將碗中的蛋黃混合物倒入鍋中。一邊持續搖晃鍋子,一邊用刮刀沿著魚肉周圍撥動混合物幾分鐘。重新蓋上蓋子,繼續搖晃鍋子2分鐘,或直到醬汁變得絲滑濃稠,然後用一撮黑胡椒調味。淋上一些特級初榨橄欖油,撒上剛才預留的檸檬皮屑,上桌。

熱量	脂肪	飽和脂肪	蛋白質	碳水化合物	糖	鹽	纖維
300 大卡	14.4 克	2.5 克	33.1 克	10.1 克	1.9 克	1.3 克	0.4 克

簡易蒸魚
SIMPLE STEAMED FISH

甜椒、韭蔥和香草柳橙淋醬
SWEET PEPPERS & LEEKS, HERBY ORANGE DRESSING

這道精緻的料理簡單呈現出白肉魚魚片的美味，它的風味讓你彷彿一秒置身希臘海岸。如果你只有兩個人，也很方便將食材的分量減半，是一道值得收入你的料理錦囊中的食譜。

分量：4人 | **時間：32分鐘**

4片白肉魚菲力（各150克），去皮、去刺

3顆混色甜椒

1大根韭蔥

½把奧勒岡（10克）

1大顆多汁柳橙

　　在魚片上多抹一些海鹽，以增加魚肉的層次和口感（不用擔心，等一下會洗掉），然後放到一旁備用。取大的淺法國砂鍋以中火加熱。將甜椒去籽、去蒂頭，切成2公分的塊狀。砂鍋倒入2大匙橄欖油，然後放入甜椒塊。將韭蔥從縱向切成4等份，清洗乾淨，然後切成2公分厚的蔥段。將韭蔥放入砂鍋中，以海鹽和黑胡椒調味，煮15分鐘，或直到變得香甜、略呈金黃，過程中不時攪拌，如有需要，可以加一些水。摘下奧勒岡的葉子，放入研缽中，加入一撮海鹽，搗成糊狀。擠入一半的橙汁，加入1大匙紅酒醋和2大匙特級初榨橄欖油，攪拌均勻。

　　將魚片沖洗乾淨，用廚房紙巾拍乾。將魚片放入蔬菜中，擠入剩下的橙汁，加入100毫升的水，然後蓋上鍋蓋，轉成小火，煮7分鐘，直到魚片剛好煮熟。在魚片和蔬菜淋上柳橙淋醬，上桌。

熱量	脂肪	飽和脂肪	蛋白質	碳水化合物	糖	鹽	纖維
276 大卡	14.5 克	2.1 克	29.1 克	7.6 克	7 克	1.3 克	2.6 克

優雅薄切生魚
ELEGANT FISH CARPACCIO

新鮮鯛魚、青辣椒、酸香萊姆、葡萄和芝麻菜
FRESH BREAM, GREEN CHILLI, ZINGY LIME, GRAPES & ROCKET

我們的生活中都需要一位好魚販，無論是在店面、市場、小貨車或網路上的魚販。食用生魚並不複雜，它很簡單，而且既健康又美味，不過一定要選超級新鮮的魚。

分量：當作主菜2人，當作前菜4人　│　時間：15分鐘

2顆萊姆

10顆混色無籽葡萄

½根新鮮青辣椒

2片超級新鮮的鯛魚菲力（各150克），去皮、去刺

20克芝麻菜

　　將萊姆汁擠入碗中，加入幾撮海鹽調味。將葡萄和辣椒切薄片，加入碗中，一起翻拌均勻。將魚菲力斜切成1公分的小片，放入2張防油紙之間，用擀麵棍輕輕打成大約2公釐的厚度——你可能需要分批處理。將魚肉薄片從防油紙上拿下，整齊地擺到兩個上菜盤或一個大盤子上。將葡萄和辣椒舀到魚肉薄片上，淋上調味過的萊姆汁。撒上芝麻菜，淋上1大匙特級初榨橄欖油。直接享用就很美味，不過有人喜歡搭配蘇打餅或烤麵包等酥脆的東西一起享用——你愛怎麼吃就怎麼吃。

熱量	脂肪	飽和脂肪	蛋白質	碳水化合物	糖	鹽	纖維
219大卡	10.9克	0.9克	26.9克	3.5克	3.5克	1.4克	0.4克

脆皮鯖魚
CRISPY-SKINNED MACKEREL

石榴籽、石榴糖漿、北非綜合香料和核桃
POMEGRANATE SEEDS & SYRUP, RAS EL HANOUT & WALNUTS

在整個地中海地區都能看到各種完美融合魚和水果的料理。當地盛產的石榴滋味酸甜，很適合中和魚的油膩。

分量：2人　｜　時間：25分鐘

150 克希臘優格

2 尾整尾鯖魚（各200克），去除內臟、去刺、剖開攤平

滿滿 2 茶匙北非綜合香料，另備一些上菜時用

1 大顆成熟石榴

20 克去殼無鹽核桃

　　在一個篩網中鋪上幾張廚房紙巾，倒入優格，將紙巾往上拉，輕輕施加一點力量，讓優格裡的水分開始滴入碗中。將優格放入冰箱繼續瀝水。將每條鯖魚攤開，均勻抹上厚厚一層北非綜合香料，以及一撮海鹽和黑胡椒。取大的不沾平底鍋倒入 2 大匙橄欖油，魚皮朝下放入鍋中，以中火煎 7 分鐘。前 4 分鐘蓋上鍋蓋煎，開蓋後，用鍋中的油汁澆淋鯖魚。煎好之後，魚皮朝上盛盤。與此同時，將石榴對半切，用手指抓拿其中一半，切面朝下，用湯匙背面敲打石榴，將籽全部敲入碗中。將石榴汁擠到另一個碗中，倒入熱鍋中煮到收汁、變成糖漿。

　　將瀝水優格適當調味，然後舀到酥脆鯖魚上。淋上石榴糖漿，撒上一些石榴籽（剩餘的留著改天再用）。輕輕撒上北非綜合香料，撒上掰碎的核桃，最後淋上特級初榨橄欖油。

熱量	脂肪	飽和脂肪	蛋白質	碳水化合物	糖	鹽	纖維
524 大卡	44.1 克	10.7 克	22.4 克	9 克	8.4 克	1.2 克	0.9 克

雞肉和鴨肉
CHICKEN
& DUCK

砂鍋烤雞
POT-ROAST CHICKEN

方旦馬鈴薯 [11]、香草莎莎醬、烤大蒜
FONDANT POTATOES, HERBY SALSA, ROASTED GARLIC

加泰隆尼亞料理很喜歡用香草莎莎醬入菜，在最近一次巴塞隆納之旅的啟發下，我用一款帶有豐富堅果香氣的活力莎莎醬，來點綴這道雞肉和用高湯燉煮的香濃馬鈴薯。

分量：4人 | **時間：1小時35分鐘**

1隻1.5公斤的全雞

1公斤馬鈴薯

1把平葉巴西里（30克）

1顆蒜球

40克去皮榛果

烤箱預熱至180℃。將整隻雞抹上橄欖油、海鹽和黑胡椒，放入大的法國砂國鍋中，以大火煎到上色，待整隻雞呈現金黃色後盛盤（大約5分鐘）。與此同時，將馬鈴薯去皮，切成5公分見方的大塊。在砂鍋中倒入700毫升的水，加入巴西里的莖、蒜球（留1瓣大蒜備用）和馬鈴薯。在爐火上滾煮15分鐘，稍微調味，然後把雞放回鍋中，進烤箱烤1小時15分鐘，直到雞肉呈現金黃色並熟透。

與此同時，將預留的蒜瓣去皮、切成蒜末，巴西里葉切成細末，榛果粗略切碎。全部倒入小碗中，拌入3大匙特級初榨橄欖油和4大匙水，然後適當調味。將雞和馬鈴薯盛入上菜盤中，淋上香草莎莎醬，旁邊擺上蒜球（吃的時候可以擠到雞肉上面），上桌。

---

11 方旦馬鈴薯（fondant potato）是以融合香草和奶油的高湯煮成，馬鈴薯吸收了高湯的風味，裡面軟嫩得彷彿快融化般，故稱「方旦」（法文為融化之意）。——譯註

熱量	脂肪	飽和脂肪	蛋白質	碳水化合物	糖	鹽	纖維
669 大卡	27.2 克	5.6 克	62.9 克	45.7 克	2 克	1.1 克	4 克

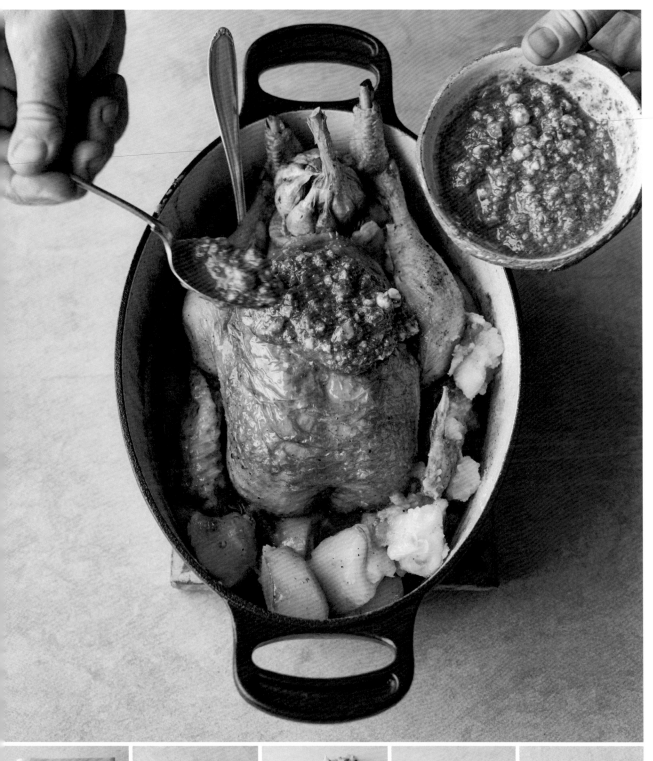

巴哈拉特串燒雞
BAHARAT CHICKEN SHISH

香料優格醃料、檸檬和烤大蒜
SPICED YOGHURT MARINADE, LEMON & ROASTED GARLIC

這道簡單美味的串燒靈感來自土耳其串燒，只要使用芳香的綜合香料，任誰都能做出這道料理。我很喜歡它外皮酥脆、內嫩多汁的對比滋味。

分量：4人 | **時間：55分鐘，醃肉時間另計**

6片雞腿排，去皮、去骨

4大匙天然優格

2茶匙巴哈拉特綜合香料，另備一些上菜時用

2顆檸檬

1顆蒜球

  將雞腿排放入碗中，加入優格、綜合香料、1大匙橄欖油，以及1撮海鹽和黑胡椒。將其中1顆檸檬切下6片薄片，放到一旁備用，然後將這顆檸檬剩下的部分擠汁到剛才的碗中。將所有食材充分翻拌，蓋好，放入冰箱至少醃2小時，最好可以冷藏過夜。

  烤箱預熱至200℃。將雞肉和檸檬片平均串到一支大的金屬烤肉叉上（如成品圖所示），放到一個比烤肉叉小的深烤盤中，讓肉串懸在烤盤上。將蒜球對半切，切面朝下放入烤盤中。剩下的1顆檸檬對半切，放入烤盤中。將烤盤放進烤箱，烤40分鐘，直到雞皮起皺、雞肉熟透。將雞肉從烤肉叉上切下，以及將甜美的烤大蒜從薄透的蒜皮中擠出，與雞肉一起翻拌，然後撒上另外準備的巴哈拉特綜合香料。淋上烤盤裡的湯汁，旁邊擺上烤到黏稠的檸檬（吃的時候可以擠汁到雞肉上面），上桌。搭配薄餅、沙拉和醃菜一起享用，非常美味。

熱量	脂肪	飽和脂肪	蛋白質	碳水化合物	糖	鹽	纖維
278 大卡	15 克	4 克	31.7 克	3.8 克	1.8 克	1 克	1.2 克

酥脆紅椒雞
CRISPY PAPRIKA CHICKEN

甜美彩椒、馬鈴薯和芬芳百里香
SWEET RAINBOW PEPPERS, POTATOES & FRAGRANT THYME

將雞肉直接放在烤箱的烤架上烤，不但能把雞皮烤到超級酥脆，所有美味的雞汁也會直接滴到下方幸運的蔬菜上。加上西班牙人最愛的紅椒粉，讓這道料理風味十足。

分量：4人　|　時間：1小時

1公斤馬鈴薯

3顆混色甜椒

1隻1.5公斤的全雞

滿滿1大匙煙燻紅椒粉

1把百里香（20克）

　烤箱預熱至200℃。馬鈴薯洗淨，切成3公分的塊狀。將甜椒去籽、去蒂頭，切成大小大致相同的塊狀。將馬鈴薯和甜椒放入大的深烤盤中，淋上1大匙橄欖油，撒上一些海鹽和黑胡椒，翻拌均勻。用一把大尖刀小心地將全雞切成兩半，淋上橄欖油和紅酒醋各1大匙，然後充分抹上紅椒粉，以及一撮海鹽和黑胡椒。將盛有蔬菜的烤盤放入烤箱底層的架子上，兩半雞肉皮面朝上，直接放到上方的架子上，然後烤40分鐘。

　烤好之後，將百里香抹上一些橄欖油。拿出裝有蔬菜的烤盤，均勻搖晃一下，撒上一半的百里香，剩下的百里香放到雞肉上，然後烤最後5分鐘，直到所有食材都烤到熟透，然後上桌。

熱量	脂肪	飽和脂肪	蛋白質	碳水化合物	糖	鹽	纖維
652 大卡	23.6 克	5.4 克	62.8 克	40.2 克	6.6 克	1.1 克	5.8 克

葡萄烤鴨
ROAST DUCK WITH GRAPES

丁香粉、焦糖洋蔥和迷迭香
GROUND CLOVES, CARAMELIZED ONIONS & ROSEMARY

我在一些希臘小島上看過將新鮮葡萄，搭配豐富肉類或魚肉一起燒烤、食用的料理，讓我深感著迷。這種組合非常美味，帶有天然的酸甜滋味，太好吃了！

分量：6人 | 時間：2小時20分鐘

1隻2公斤的全鴨，保留內臟

1大匙丁香粉

4顆紅洋蔥

1把迷迭香（20克）

500克混色無籽葡萄

　　烤箱預熱至180°C。將鴨子放入大的深烤盤中（鴨肝、鴨腎和鴨心放到一旁備用），用1大匙橄欖油、丁香粉，以及一大撮海鹽和黑胡椒均勻塗抹整隻鴨子和鴨脖子。所有洋蔥去皮切成4瓣，放入烤盤中，先與鴨脖子一起翻拌，加入2大匙水，然後將鴨子放到上面。將一半的迷迭香塞入鴨子內腔，放進烤箱，烤1小時30分鐘。先將鴨子從烤箱取出，用烤盤裡的湯汁澆淋鴨子，然後倒出大部分的鴨油（裝入果醬罐中）。摘下葡萄、放入烤盤，進烤箱再烤30分鐘，直到鴨腿變得軟嫩。取出鴨子放入上菜盤中，將一半的葡萄和洋蔥舀入碗中。將烤盤放到爐子上，倒入500毫升的滾水，以中火慢煮5分鐘，邊煮邊將葡萄搗碎，並刮起烤盤底美味的褐渣讓其溶至湯汁裡。

　　與此同時，將鴨肝、鴨腎和鴨心切成1公分見方的小丁。取不沾醬汁鍋，倒入多一些鴨油，以中火加熱。摘下剩餘的迷迭香葉，放入鍋中，煎到香脆，然後取出放到廚房紙巾上。將切丁的內臟放入鍋中，煎3分鐘，直到熟透。將烤盤裡的湯汁用粗篩網過篩到鍋中，然後適當調味。將剛才預留的葡萄和洋蔥加入鍋中，小火慢煮，邊煮邊翻拌，然後舀到鴨子上，撒上迷迭香。將肉汁裝入醬汁壺中，與鴨肉一起上桌。

熱量	脂肪	飽和脂肪	蛋白質	碳水化合物	糖	鹽	纖維
244 大卡	9 克	2.4 克	20.2 克	22.6 克	20 克	0.6 克	4 克

大蒜雞
GARLIC CHICKEN

綿密鷹嘴豆、菠菜和鹽膚木
CREAMY CHICKPEAS, SPINACH & SUMAC

這道快速料理的靈感來自黎巴嫩美妙的風味，是輕鬆解決一餐的完美選擇。挑選飽滿大顆的罐裝鷹嘴豆，能讓風味和口感都更加升級。

分量：2人　|　時間：18分鐘

4瓣大蒜
2片去皮雞胸肉（各150克）
½罐玻璃罐裝鷹嘴豆（350克）
250克嫩菠菜
滿滿1茶匙鹽膚木粉

　　蒜瓣去皮，從縱向切片。取大的不沾平底鍋倒入1大匙橄欖油，加入蒜片，以大火煎，過程中不時攪拌。將每片雞胸肉縱向切成3長條，拌入一撮海鹽和黑胡椒。待蒜片煎到呈現漂亮的金黃色時，馬上用漏勺撈出，蒜油留在鍋中。將雞肉放入鍋中，煎5分鐘，直到熟透，過程中不時翻動。
　　將煎好的雞肉盛盤，鷹嘴豆連同湯汁一起倒入鍋中。加入菠菜、大部分的蒜片，以及1大匙紅酒醋，一起拌炒，直到菠菜炒軟、鷹嘴豆充分加熱。用海鹽和黑胡椒適當調味，然後將雞肉放回鍋中，最後撒上剩下的蒜片和一大撮鹽膚木粉。

熱量	脂肪	飽和脂肪	蛋白質	碳水化合物	糖	鹽	纖維
406 大卡	13.3 克	2.2 克	48.8 克	23.3 克	3.1 克	1.3 克	1.1 克

檸檬黃瓜優格雞
LEMON-TZATZIKI CHICKEN

蓬鬆雞汁飯、黏稠洋蔥和烤檸檬
FLUFFY PAN-JUICE RICE, JAMMY ONIONS & ROASTED LEMONS

這是一道美味的希臘風味一鍋到底家常料理。希臘黃瓜優格醬是很棒的現成醃料——雖然傳統上不會這樣使用，不過我敢保證這樣不但好吃，又能讓肉質變嫩。

分量：4人 | **時間：2小時，醃肉時間另計**

1隻1.5公斤的全雞	4顆混色洋蔥
2盒希臘黃瓜優格醬（各200克）	300克印度香米
2顆檸檬	

　　使用尖刀沿著雞的背部小心切開，方便你把雞打開攤平。將整隻雞抹上一半的希臘黃瓜優格醬、$\frac{1}{2}$顆檸檬的汁，以及一大撮海鹽和黑胡椒，然後蓋起來，放入冰箱醃至少2小時，最好可以冷藏過夜。烤箱預熱至180°C。洋蔥去皮，然後將半顆洋蔥切成細末，放入碗中，加入$\frac{1}{2}$顆檸檬的汁和一撮海鹽進行醃漬。將剩下的洋蔥切成4瓣，放入深烤盤或耐烤鍋中，剩下的檸檬切半，一起放進烤盤或鍋中。將雞隻皮朝上放在上面（應該會卡得剛剛好），淋上$\frac{1}{2}$大匙橄欖油。放進烤箱，烤1小時10分鐘，直到呈現漂亮的金黃色、雞腿肉能輕易地跟骨頭分開的程度。

　　烤好之後，將雞隻、一半的烤洋蔥，以及半顆烤到黏稠的檸檬放到砧板上備用。用料理夾小心地將另外半顆黏稠檸檬的汁擠到烤盤或鍋中的湯汁裡。切除檸檬皮內的白囊組織，將檸檬皮和剩餘的洋蔥切成細末，然後放回烤盤或鍋中，加入香米和600毫升加了鹽的滾水，蓋上鍋蓋，放到爐火上，以中小火煮12分鐘，直到米飯鬆軟。將飯舀入上菜盤中，放上雞隻，淋上靜置時流出的肉汁，擺上剛才預留的烤洋蔥，盛上剩下的希臘黃瓜優格醬。淋上1大匙特級初榨橄欖油，放入醃洋蔥和剛才預留的半顆烤檸檬（吃的時候可以擠汁到雞肉上面），上桌。

熱量	脂肪	飽和脂肪	蛋白質	碳水化合物	糖	鹽	纖維
682 大卡	15.6 克	5.8 克	61.4 克	79 克	13 克	2.4 克	5 克

燉煮雞肉和梅格茲香腸
CHICKEN & MERGUEZ STEW

美味月桂醃料、慢煮洋蔥和豆子
BEAUTIFUL BAY MARINADE, SLOW-COOKED ONIONS & BEANS

這是一道非常美味的突尼西亞風味砂鍋料理，它以法國砂鍋菜餚為靈感，只用幾樣簡單食材來創造豐富的風味。你也可以根據個人喜好，在這道雜燴中加點哈里薩辣醬。

分量：4人　|　時間：1小時

4顆洋蔥

5根梅格茲香料辣腸（Merguez sausage）（500克）

1隻1.2公斤的全雞

12片新鮮月桂葉

2罐綜合豆子罐頭（各400克）

　　洋蔥去皮、切半，然後大致切片。取大的法國砂鍋，倒入1大匙橄欖油，放入洋蔥，擠入1根香腸的肉，以中火炒20分鐘，邊炒邊把香腸肉弄碎，過程中不時攪拌。與此同時，小心地將雞肉切開（將雞腿分成雞腿排和棒棒腿，取下雞翅），雞胸切成4份（帶骨）——你可以自己切，或請肉販處理。

　　從月桂枝上摘下8片月桂葉，放入研缽中，撒入一撮海鹽，一起搗碎，然後拌入特級初榨橄欖油和紅酒醋各1大匙。將所有雞肉充分抹上一半的醃料，每個部位和縫隙都要抹到。取大的不沾平底鍋，倒入1大匙橄欖油，放到中大火上加熱，加入剩下的香腸、雞腿排、棒棒腿和雞翅，煎到呈現漂亮的金黃色，然後移到剛才的砂鍋中。將雞胸以雞皮朝下的方式煎3分鐘，然後放入砂鍋中。與此同時，瀝掉其中1罐豆子的湯汁，然後將2罐豆子和剩下的月桂葉一起倒入砂鍋中。輕輕混勻，然後轉成中小火，蓋上鍋蓋，燉煮30分鐘，直到軟嫩美妙。淋上剩下的月桂葉醃料，上桌。

熱量	脂肪	飽和脂肪	蛋白質	碳水化合物	糖	鹽	纖維
644大卡	23.6克	6.9克	69.4克	39.1克	14.3克	2克	10.7克

薩塔香料雞
ZA'ATAR CHICKEN

麵皮烤雞、檸檬和黏潤洋蔥
BAKED IN A CRUST WITH LEMON & STICKY ONIONS

簡單地用麵粉和水做成麵皮，拿來燜烤雞肉，每次都能烤出鮮嫩多汁的肉質。來自黎凡特的美妙薩塔綜合香料，為這道料理提供濃郁的風味。

分量：4人 | **時間：1小時40分鐘**

2大匙薩塔香料

1隻1.5公斤的全雞

4顆洋蔥

1顆檸檬

500克中筋麵粉，另備一些防沾黏用

　　烤箱預熱至180℃。將薩塔香料、一撮海鹽和黑胡椒，以及2大匙橄欖油一起混合，然後抹到整隻雞上，每個部位和縫隙都要抹到。將雞放入大小剛好的法國砂鍋中，以大火煎15分鐘，直到完全呈金黃色，過程中用料理夾持續翻動。與此同時，將洋蔥去皮、切成4瓣。用叉子在整顆檸檬上戳洞，然後縱向切成4瓣。將麵粉倒入碗中，邊慢慢倒入300毫升的水，邊用叉子攪拌至形成麵團。接著將麵團揉到光滑，然後放到撒了麵粉的檯面上擀開，直到麵皮變得比鍋子稍大一些。

　　將雞提起來，底下放入洋蔥和2大匙紅酒醋。把雞放回洋蔥上面，周圍塞入切成楔形塊狀的檸檬。將一些檸檬塊塞入雞的內腔和雞翅處，以免戳穿麵皮。將砂鍋離火，上面鋪上麵皮，小心地沿著鍋緣捏合麵皮，將鍋口密封起來。將砂鍋放進烤箱，烤1小時10分鐘。烤好之後，破開並丟掉餅皮，用鍋子裡的湯汁澆淋雞隻，然後搭配米飯、庫斯庫斯或薄餅一起上桌。

熱量	脂肪	飽和脂肪	蛋白質	碳水化合物	糖	鹽	纖維
488 大卡	21.8 克	5 克	58.4 克	14.8 克	11.4 克	1.4 克	4.8 克

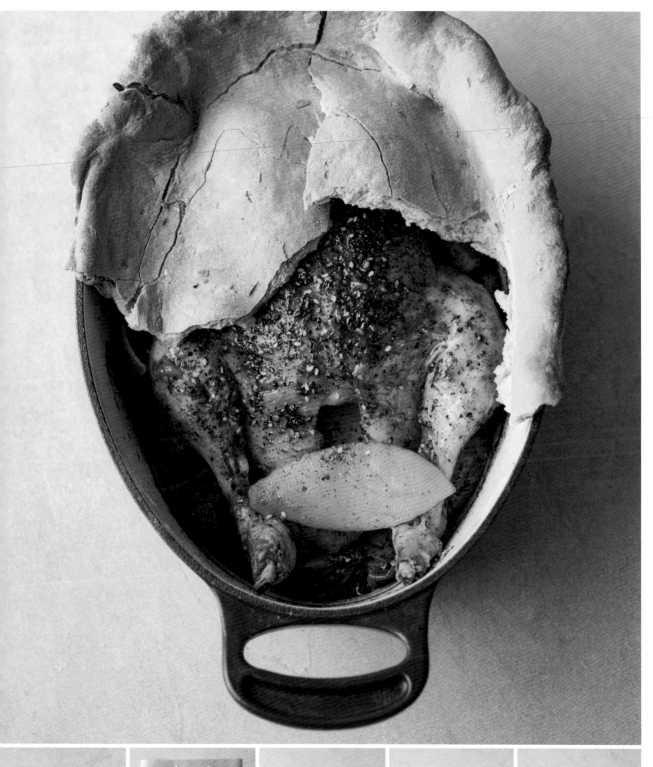

庫斯庫斯烤雞
COUSCOUS & CHICKEN BAKE

希臘黃瓜優格醃醬、紅甜椒和焦香洋蔥
TZATZIKI MARINADE, SWEET RED PEPPERS & CHARRED ONION

在地中海沿岸地區有各種使用庫斯庫斯（Couscous）做的美味料理———我在這道食譜中則把庫斯庫斯當主角，做出最令人驚豔烘烤料理，外表酥脆，內層鬆軟可口。

分量：4人 | **時間：1小時15分鐘，醃肉時間另計**

1罐玻璃罐裝烤紅甜椒（460克）

2盒希臘黃瓜優格醬（各200克）

1公斤雞腿排和棒棒腿，帶皮、帶骨

4顆紅洋蔥

300克庫斯庫斯

　　烤箱預熱至180℃。在調理機中放入1條烤紅甜椒、1盒希臘黃瓜優格醬，以及一撮海鹽和黑胡椒，攪打均勻，然後倒到雞肉上，醃至少2小時，最好可以冷藏過夜。將洋蔥去皮、切成4瓣。取28公分的耐烤不沾平底鍋，倒入1大匙橄欖油，加入洋蔥，以中火炒10分鐘，直到洋蔥變深、變皺，過程中不時翻動，然後盛盤。在鍋中倒入1大匙橄欖油，放入醃過的雞肉，煎10分鐘直到上色，過程中不時翻動。將洋蔥倒回鍋中，剩餘的烤紅甜椒撕碎、放入鍋中，然後整鍋放進烤箱，烤25分鐘。

　　與此同時，將庫斯庫斯放入碗中，倒入滾水淹過，撒入海鹽和黑胡椒調味，蓋起來浸泡3分鐘，然後用叉子翻鬆。雞肉烤好之後，把鍋子從烤箱取出。將庫斯庫斯倒入鍋中，輕拍壓實。把鍋子放回烤箱，烤10分鐘後取出，大膽並小心地倒扣到大盤子中，舀上剩餘的黃瓜優格醬，直接上桌，大家就能馬上開吃。

熱量	脂肪	飽和脂肪	蛋白質	碳水化合物	糖	鹽	纖維
790 大卡	30.2 克	9.8 克	53.2 克	81 克	19.2 克	2.3 克	8.3 克

鷹嘴豆烤雞
CHICKPEA CHICKEN

甜茴香醃料、超多汁番茄沙拉
FENNEL MARINADE, SUPER-JUICY TOMATO SALAD

我很喜歡吃法國南部一款叫做「帕尼斯」(panisse)的炸鷹嘴豆條,我以此為靈感,做出這道口感絕佳、味道豐富的鷹嘴豆烤雞沙拉。

分量:4人 | **時間:1小時20分鐘**

3罐鷹嘴豆罐頭(各400克)
1大匙甜茴香籽
1隻1.5公斤的全雞
500克混色番茄
180克綜合生菜

    烤箱預熱至180°C。將鷹嘴豆徹底瀝乾,倒入食物處理機中,撒入一大撮海鹽和黑胡椒,攪打均勻,保留一點鷹嘴豆的口感。在大的烘焙烤盤中鋪上防油紙,將一半的鷹嘴豆泥倒到中央,稍微壓平。將剩餘的鷹嘴豆泥捏成小團,點綴在烤盤四周(大約是高爾夫球的大小),然後將烤盤放在烤箱底層的架子上。將甜茴香籽放入研缽中,加入一大撮海鹽和黑胡椒一起搗碎,然後拌入特級初榨橄欖油和紅酒醋各1大匙。小心地從雞的背部切開,將雞打開攤平,充分抹上醃料。然後將雞直接放在鷹嘴豆泥上方的烤架上,烤1小時,直到呈漂亮的金黃色並熟透。烤到一半時,將鷹嘴豆泥的烤盤轉個方向,最後烤出來的鷹嘴豆會既酥脆又濃厚,還能品嘗到美味的雞汁。

    將番茄切碎,倒入碗中,加入生菜,淋上1大匙特級初榨橄欖油翻拌均勻,然後適當調味。把雞切開,搭配鷹嘴豆和沙拉一起上桌。

熱量	脂肪	飽和脂肪	蛋白質	碳水化合物	糖	鹽	纖維
628 大卡	25.1 克	5.7 克	70.1 克	31.1 克	4.6 克	1 克	10.5 克

鹽膚木烤雞
SUMAC CHICKEN

烤薄餅、深色黏潤洋蔥、松子
ROASTED FLATBREADS, DARK & STICKY ONIONS, PINE NUTS

這道巴基斯坦風味香料雞肉薄餅深受人們喜愛，一年到頭都吃得到，不過人們會特別在橄欖油產季做這道料理。每種食材的風味都在這道療癒餐點裡發揮得淋漓盡致。

分量：4人　　｜　　時間：1小時20分鐘

6顆紅洋蔥

1公斤雞腿排和棒棒腿，帶皮、帶骨

滿滿1大匙鹽膚木粉，另備一些上菜時用

50克松子

4張薄餅

　烤箱預熱至170℃。洋蔥去皮、切成0.5公分薄片，跟雞肉一起放入大的深烤盤中，撒上一大撮海鹽和黑胡椒，淋上紅酒醋和橄欖油各1大匙，然後撒上鹽膚木粉。翻拌均勻，讓洋蔥和雞肉都有裹上調味料，然後將雞肉的雞皮朝上，平鋪成一層。放進烤箱，烤1小時，直到雞肉熟透。烤到一半時，將烤盤均勻搖晃，加入100毫升的水。烤到剩下10分鐘時，加入松子。烤好後，從烤箱取出。

　將薄餅直接放到烤箱的烤架上，烤到呈漂亮的金黃色。用叉子將雞肉撕成絲狀，丟掉骨頭。將烤到黏潤的洋蔥等量分成四份，舀到溫熱的薄餅上，一直鋪到薄餅邊緣，然後撒上雞絲，根據個人喜好撒上另外準備的鹽膚木粉。舀上幾匙優格，或搭配季節綠蔬沙拉一起享用都很美味。

熱量	脂肪	飽和脂肪	蛋白質	碳水化合物	糖	鹽	纖維
567 大卡	28.7 克	6 克	44.7 克	32.9 克	11.2 克	1.1 克	4.8 克

快速脆皮鴨
QUICK CRISPY DUCK

綿密白豆、焦香青花筍、柳橙和鼠尾草
CREAMY WHITE BEANS, CHARRED BROCCOLI, ORANGE & SAGE

這道令人興奮的料理使用幾種經典法國食材，風味滿點，口感絕佳，但作法不複雜，只要20分鐘就能上桌，是完美的平日雙人晚餐選擇。

分量：2人　│　時間：22分鐘

2片帶皮鴨胸排（各150克）

2枝鼠尾草

200克紫色青花筍

1大顆多汁柳橙

1罐白豆罐頭（400克）

　　將鴨皮劃刀，充分抹遍海鹽和黑胡椒，然後鴨皮朝下放入冷的不沾平底鍋中，以中火煎8分鐘，直到鴨油充分釋出、表皮金黃酥脆，過程中不要移動鴨肉。將鴨肉翻面，再煎4分鐘，邊煎邊澆淋鴨油。與此同時，摘下鼠尾草的葉子。切除青花筍不要的部分，縱向對半切。切掉柳橙頭尾，切掉橙皮，切成圓片狀或瓣狀，然後加入1茶匙紅酒醋，以及一小撮海鹽和黑胡椒翻拌均勻。

　　煎好之後，將鴨肉盛入盤中靜置，鍋子留在爐上繼續加熱。將鼠尾草葉放入鍋中，煎1分鐘，直到酥脆，過程中偶爾搖動鍋子，然後放入盛有鴨肉的盤中。將青花筍放入鍋中，煮4分鐘，直到微焦。將豆子連同湯汁一起倒入鍋中，蓋上鍋蓋，煮3分鐘。適當調味，然後等量分盛兩盤，淋上鴨肉靜置時流出的肉汁。將鴨肉切片，擺在最上面，撒上酥脆鼠尾草和柳橙。

熱量	脂肪	飽和脂肪	蛋白質	碳水化合物	糖	鹽	纖維
479 大卡	16 克	4.1 克	54.1 克	29.9 克	12.1 克	1.2 克	11.7 克

多汁燒雞
JUICY CHARRED CHICKEN

蓬鬆庫斯庫斯和簡易石榴黃瓜薄荷莎莎醬
FLUFFY COUSCOUS, EASY POMEGRANATE, CUCUMBER & MINT SALSA

這道料理使用黎凡特海岸常見的幾種風味食材,烹調起來既快速又教人興奮,只要用上一點石榴汁,就能烤出表面焦脆、內嫩多汁的烤雞了。

分量:4人 | **時間:20分鐘**

1把薄荷（30克）

300克全麥庫斯庫斯

1顆大的熟石榴

1根黃瓜

4片去皮雞胸肉（各150克）

　　摘下薄荷上半部帶葉子的部分,切碎、放入碗中。將薄荷莖和庫斯庫斯放入另一個碗中,倒入滾水淹過,加入海鹽調味,然後蓋起來浸泡。將石榴對半切,其中一半切面朝下、以手指拿著,用湯匙背面敲打石榴,將籽全部敲入裝有薄荷葉的碗中,另一半石榴也以同樣的方法處理。將黃瓜切成0.5公分見方的小丁,放入剛才的碗中,倒入特級初榨橄欖油和紅酒醋各2大匙,翻拌均勻,然後適當調味。

　　取大的不沾平底鍋,以中大火加熱。在雞胸肉上縱向劃刀,間隔為1公分,切口深度大約是肉的一半厚度。將雞胸肉抹上1大匙橄欖油,以及一撮海鹽和黑胡椒,然後從莎莎醬中拿出幾顆石榴籽,將汁擠到雞胸肉上。將肉放入鍋中煎8分鐘,直到焦脆熟透,過程中不時翻動。將薄荷莖從庫斯庫斯中取出、丟掉,用叉子將庫斯庫斯翻鬆,拌入一半的莎莎醬,然後等量分盛四盤。將雞胸肉切片,擺到上面,剩餘的莎莎醬、薄荷葉也一起放上。可根據個人喜好淋上一些特級初榨橄欖油。

熱量	脂肪	飽和脂肪	蛋白質	碳水化合物	糖	鹽	纖維
528 大卡	14.6 克	2.5 克	45.7 克	55.1 克	3 克	0.8 克	6.1 克

烤盤烤雞
CHICKEN TRAYBAKE

茄子、沙威瑪香料飯、碎果乾堅果

AUBERGINE, SHAWARMA-SPICED RICE, CRUSHED NUTS & DRIED FRUIT

只用一個烤箱就能搞定的料理，真是很讓人滿意。這道菜餚的靈感來自黎凡特海岸的風味，米飯和茄子充分吸收了雞肉和香料的濃郁滋味。

分量：2人 ｜ 準備時間：5分鐘 ｜ 烹調時間：55分鐘

1條茄子（250克）

4片雞腿排，帶皮、帶骨（每片約150克）

50克豪華綜合果乾堅果

滿滿1大匙沙威瑪醬

150克印度香料

　　烤箱預熱至200℃。切除茄子蒂頭，縱向對半切，用刀尖以1公分的間隔在茄子皮上縱向劃刀，然後再將每一半的茄子對半切。將茄子和雞肉一起放入20x25公分的烘焙烤盤中，淋上橄欖油和紅酒醋各1大匙，撒上一撮海鹽和黑胡椒，翻拌均勻。放進烤箱，烤25分鐘。與此同時，將果乾和堅果切成碎末。

　　燒開一壺水。從烤箱取出烤盤，然後拌入沙威瑪醬、一半的果乾堅果碎末，以及印度香米。加入300毫升的滾水攪拌均勻，放回烤箱裡面，再烤25分鐘，直到米飯煮熟、雞肉能輕易地跟骨頭分開的程度。用叉子將米飯稍微翻鬆，撒上剩下的碎果乾堅果，上桌。

熱量	脂肪	飽和脂肪	蛋白質	碳水化合物	糖	鹽	纖維
816 大卡	39 克	8.1 克	37.7 克	82.3 克	14.0 克	1.1 克	8.4 克

烤雞和馬鈴薯塊
CHICKEN & CHIPS

黏潤洋蔥、濃稠烤檸檬和新鮮奧勒岡
STICKY ONIONS, JAMMY ROASTED LEMON & FRESH OREGANO

雞肉和馬鈴薯的組合有種美好的樸質風味，我以自己的希臘之旅為靈感，用這種作法呈現這道我們既熟悉又喜愛的食物，保證你會喜歡。

分量：4人　｜　時間：1小時18分鐘

1公斤紅皮馬鈴薯

2顆洋蔥

1把奧勒岡（20克）

2顆檸檬

4隻雞腿（各250克）

　　取出烤箱頂層的烤架，然後將烤箱預熱至200℃。馬鈴薯刷洗乾淨，切成2-5公分的不規則塊狀，放入大的烘焙烤盤中。洋蔥去皮、切成4瓣，然後剝成一片片的放入烤盤中。摘下一半的奧勒岡葉，放入研缽中，加入一撮海鹽和黑胡椒一起搗碎，然後拌入橄欖油和紅酒醋各2大匙。將大部分的醃料倒入烤盤中，跟馬鈴薯和洋蔥一起翻拌均勻後，放進烤箱，烤10分鐘。

　　與此同時，用削皮器削下檸檬皮，然後將檸檬對半切。雞腿放入剩下的醃料中浸泡。馬鈴薯和洋蔥烤好後，將雞腿直接放到頂層烤架上，然後將烤架放回烤箱中，烤的時候，美味的雞汁就會滴到下方的馬鈴薯上。將切半的檸檬放入烤盤中，烤1小時，直到所有食材呈金黃色。烤到一半時搖一搖馬鈴薯和洋蔥；烤到剩下最後15分鐘時，放入剩下的奧勒岡葉和檸檬皮。小心地將雞腿和蔬菜從烤箱中取出，擠上濃稠的烤檸檬，上桌。

熱量	脂肪	飽和脂肪	蛋白質	碳水化合物	糖	鹽	纖維
615 大卡	30.2 克	7.2 克	38 克	50.8 克	6.8 克	0.9 克	4.6 克

紅肉
MEAT

里奧哈牛小排
RIOJA SHORT RIBS

香醇紅酒茄汁、黏潤橙醬糖漿
RICH RED WINE & TOMATO SAUCE, STICKY MARMALADE GLAZE

我非常喜歡烹調牛小排！你可以在肉攤輕鬆買到，肉販會提供肉質最入口即化的牛小排，而且骨頭中美妙的風味會使醬汁更有深度。

分量：6人 | **時間：4小時35分鐘**

6塊帶骨牛小排（總共1.5公斤左右）

600克冷凍蔬菜丁（洋蔥、胡蘿蔔和西洋芹）

300毫升里奧哈紅酒

3罐李子番茄罐頭（各400克）

3茶匙粗粒深色苦橙果醬（Seville orange marmalade）

　　烤箱預熱至160℃。取大的不沾平底鍋以中大火加熱。將牛小排撒上大量黑胡椒和一撮海鹽調味，充分裹勻。在燒熱的平底鍋中倒入1大匙橄欖油，放入牛小排，煎10分鐘，直到充分上色，過程中用料理夾不時翻動，然後再將牛小排取出，骨頭那面朝下放入大小剛好的高邊深烤盤或法國砂鍋中。接著將冷凍蔬菜丁倒入留有肉汁的平底鍋中，煮10分鐘直到變軟，然後倒入紅酒，煮到冒泡、收汁。番茄加入鍋中，用搗泥器搗碎。將每個空罐頭倒入一半的水，搖晃一下，倒入鍋中。鍋子裡的食材煮滾後，用海鹽和黑胡椒稍微調味。將醬料倒到牛小排上，然後蓋起來，放進烤箱，烘烤4小時，直到肉變得非常軟嫩。過程中偶爾用醬料澆淋牛小排，如有需要，可以加一些水。

　　肉變軟之後，將多餘的油脂舀入果醬罐中（留著改天再用）。將橙醬和一些水倒入醬汁鍋中加熱，然後大膽地舀到牛小排和骨頭上。將牛小排放回烤箱中，再烤10分鐘，讓果醬凝結。搭配自己喜歡的碳水化合物主食和蒸煮季節綠蔬一起享用。

熱量	脂肪	飽和脂肪	蛋白質	碳水化合物	糖	鹽	纖維
540 大卡	35.6 克	15.2 克	34 克	12.2 克	11.2 克	0.8 克	3.4 克

香草牛排和香酥馬鈴薯
HERBY STEAK & CRISPY POTATOES

青醬、多汁混色番茄沙拉和碎開心果
GREEN PESTO, JUICY MIXED-COLOUR TOMATO SALAD & CRUSHED PISTACHIOS

這道令人愉悅的美味料理靈感來自普羅旺斯青醬，一種用搗碎的羅勒、大蒜和油製成的法式調味料。為了方便，我使用現成的青醬，但若要讓風味和口感更豐富，建議買新鮮的材料來做。

分量：2人　│　時間：30分鐘

500克紅皮馬鈴薯

1塊沙朗牛排（300克）

4茶匙新鮮熱那亞或普羅旺斯青醬

6顆熟的中型混色番茄

20克去殼無鹽開心果

　　馬鈴薯洗淨，切成2公分的塊狀。取大的不沾平底鍋倒入2大匙橄欖油，放入馬鈴薯塊，撒上海鹽和黑胡椒調味，以中火煎20分鐘，直到金黃熟透，過程中不時攪拌，然後盛入碗中。將鍋子放回爐上，以大火加熱。

　　切下牛排的脂肪，粗略切碎，放入鍋中，煎到逼出油來。在牛排上多撒一些海鹽和黑胡椒調味，並充分抹上2茶匙青醬，放入鍋中，每面各煎3分鐘，煎到三分熟或自己喜歡的熟度。將牛排盛盤靜置。馬鈴薯倒回鍋中加熱，另一邊將番茄切成1公分厚的片狀，擺到上菜盤中。淋上一些紅酒醋和特級初榨橄欖油，然後適當調味。將馬鈴薯舀到上面，牛排切片，均等量分盛兩盤，淋上靜置時流出的肉汁。舀上剩下的青醬，然後將開心果搗碎並撒上去。根據個人喜好淋上一些特級初榨橄欖油。

熱量	脂肪	飽和脂肪	蛋白質	碳水化合物	糖	鹽	纖維
735 大卡	42.1 克	11.7 克	40 克	51.8 克	9.5 克	1.4 克	6.4 克

奶香芥末豬
CREAMY MUSTARDY PORK

金黃綜合蕈菇、法式酸奶油和黑胡椒芝麻菜
GOLDEN MIXED MUSHROOMS, CRÈME FRAÎCHE & PEPPERY ROCKET

這道餐點製作起來真的很快，令人印象深刻，它的靈感來自我在法國烹飪和享用美食的時光。大家總是覺得醬料的製作很複雜，但這款醬料很快就能做好。

分量：2人 │ 時間：10分鐘

300 克豬小里肌
200 克綜合蕈菇
滿滿1大匙芥末籽醬
滿滿2大匙法式酸奶油
40 克芝麻菜

　　取大的不沾平底鍋以大火加熱。豬肉切成6片圓形厚片，用肉鎚稍微打薄。蕈菇大致切片。在鍋中倒入1大匙橄欖油，放入豬肉和蕈菇，每面煎2分鐘，直到蕈菇呈金黃色、豬肉熟透，然後將蕈菇盛盤。在鍋中倒入芥末籽醬和法式酸奶油，煮最後1分鐘，如有需要，可以加一些水稍微稀釋。嚐一下味道，並用海鹽和黑胡椒適當調味，等量分盛兩盤，撒上金黃蕈菇和芝麻菜，淋上特級初榨橄欖油做最後裝點。搭配米飯非常美味。

熱量	脂肪	飽和脂肪	蛋白質	碳水化合物	糖	鹽	纖維
370 大卡	23.9 克	8.9 克	36.8 克	1.9 克	1.5 克	1.2 克	1.4 克

燉牛排捲
ROLLED BRAISED STEAKS

酸豆橄欖醬與塔雷吉歐乳酪鑲餡、濃郁茄汁
TAPENADE & TALEGGIO STUFFING, RICH TOMATO SAUCE

將頭刀牛肉等較便宜的牛肉部位，跟精心搭配的風味組合一起捲起來，然後慢慢燉到柔嫩美味，藉此提升肉的層次，這種料理作法非常特別，我很喜歡。

分量：6人 │ 時間：1小時30分鐘

6塊頭刀薄片牛排（topside minute steak，後腿內側肉，可以詢問肉販）（各150克）
6茶匙酸豆黑橄欖醬
100克塔雷吉歐乳酪
1枝鼠尾草
2罐玻璃罐裝番茄紅酒醬（tomato and red wine sauce）（各400克）

　　烤箱預熱至180℃。將其中一塊牛排放在2張防油紙之間，用擀麵棍將肉均勻擀到厚度大約0.5公分。剩下的牛排以同樣的步驟擀薄，然後放到乾淨的檯面上。在每片牛肉上面抹上1茶匙酸豆橄欖醬，撒上撕碎的塔雷吉歐乳酪，然後捲起來，用料理棉繩固定。

　　取大的法國砂鍋倒入3大匙橄欖油，摘下鼠尾草葉，放入鍋中，以中大火煎到酥脆，然後放到廚房紙巾上。牛排捲放入鍋中，煎4分鐘，直到完全上色，然後將2罐番茄紅酒醬全部倒入鍋中。在每個空玻璃罐中倒入一半的水，搖晃一下，倒入鍋中。煮到小滾，然後蓋上鍋蓋，放進烤箱，煮1小時。打開蓋子，將牛排捲翻面，然後不蓋蓋子放回烤箱，再煮20分鐘，或直到牛肉戳起來軟嫩。將牛排捲放到砧板上，拆下並丟掉棉繩。撈起醬料表面的油脂，淋到牛排捲上。嚐一下醬料的味道並適當調味，然後倒入上菜盤中。將牛排捲切片，擺到醬料上。撒上酥脆的鼠尾草葉，上桌。這道料理單吃就很令人驚豔，搭配麵包、馬鈴薯泥、義大利玉米糊（polenta）或義大利圓直麵也很適合。

熱量	脂肪	飽和脂肪	蛋白質	碳水化合物	糖	鹽	纖維
515 大卡	35.6 克	12.6 克	35.8 克	11.8 克	7.2 克	2.1 克	2 克

鑲洋蔥
STUFFED ONIONS

香草香腸與菲達乳酪鑲餡、茄汁飯
HERBY SAUSAGE & FETA FILLING, TOMATO RICE

在希臘的各個島嶼，人們會將穀物和香草等美味餡料鑲進各種蔬菜裡面。我的版本則用簡單的鑲餡帶出洋蔥最棒的風味。

分量：4人　│　時間：1小時10分鐘

4顆混色洋蔥

6根香草香腸（總共400克）

60克菲達乳酪

1罐李子番茄罐頭（400克）

250克印度香米

　　烤箱預熱至200℃。洋蔥去皮，從橫向對半切，然後放入大而淺的法國砂鍋中。用海鹽和黑胡椒調味，淋上1大匙橄欖油，放進烤箱，烤30分鐘。將香腸肉擠到碗中並丟掉腸衣，加入大部分的菲達乳酪抓勻，然後放到一旁備用。洋蔥烤好後，用料理夾移到砧板上。小心取出洋蔥中心部分並粗略切碎，然後只將切碎的洋蔥放回砂鍋中，以中火加熱。用乾淨的雙手將番茄揉碎到鍋中，倒入1個罐頭的水量，煮滾，然後加入香米，攪拌均勻。

　　將洋蔥一層一層分開（如成品圖所示），然後將香腸混合物大致分配，鑲進每個洋蔥圓片內。將鑲肉洋蔥圓片整齊地擺到香米上，輕輕下壓，一直鋪到邊緣，以將香米整個蓋住。淋上1大匙橄欖油，放進烤箱，烤20分鐘，直到表面呈金黃色、米飯熟透。捏碎並撒上剩下的菲達乳酪，上桌。

熱量	脂肪	飽和脂肪	蛋白質	碳水化合物	糖	鹽	纖維
630 大卡	26.6 克	8.5 克	24.1 克	77.8 克	14.6 克	2.3 克	5.3 克

豬排和甜椒
PORK & PEPPERS

酥脆朝鮮薊、鷹嘴豆和朝鮮薊大蒜醬
CRISPY ARTICHOKES, CHICKPEAS & ARTICHOKE ALIOLI

這道料理以美妙的方式融合並凸顯西班牙風味食材。製作要訣在於煎出超多汁的豬排。我的建議是用2塊厚豬排來做4人份餐點，用4塊薄豬排做出來的口感太乾了。

分量：4人　│　時間：40分鐘

4顆混色甜椒（一定要有一顆紅的）

1罐玻璃罐裝油漬朝鮮薊心（280克）

3瓣大蒜

2片厚豬排（各400克），帶骨、切下並保留豬皮（請肉販幫你處理）

1罐玻璃罐裝鷹嘴豆（700克）

　　在爐子或烤架上小心地以直火烤甜椒，邊烤邊用料理夾翻動，直到完全焦香。瀝乾朝鮮薊，把油留下。將大蒜去皮，放入研缽中，撒入一大撮海鹽，一起搗碎，然後拌入1茶匙紅酒醋。一邊持續搗碎，一邊慢慢倒入剛才保留的朝鮮薊油，直到醬料變稠並乳化。嚐一下味道，用海鹽和黑胡椒適當調味。

　　用尖刀在豬排的脂肪上以0.5公分的間隔劃刀，然後充分抹上海鹽調味。將2塊豬排並放、脂肪面朝下，放入大的不沾平底鍋中，以中火煎10分鐘左右，煎到酥脆並逼出油來。接著將豬排翻到側面，每面各煎5分鐘，直到金黃熟透，煎到最後2分鐘時加入朝鮮薊，然後盛盤。把鍋子快速地擦拭一下，放入豬皮，煎到酥脆。與此同時，將甜椒去皮、去籽，切成條狀，然後用一些紅酒醋，以及一撮海鹽和黑胡椒調味。將1顆紅甜椒放入調理機中打碎，然後與鷹嘴豆（連同湯汁）一起倒入鍋中，加熱幾分鐘後倒入上菜盤中。將豬排放在上面，淋上靜置時流出來的肉汁。撒上甜椒、朝鮮薊，以及撕碎的脆豬皮。放上朝鮮薊大蒜醬一起上桌，吃的時候可以淋到豬排上面。

熱量	脂肪	飽和脂肪	蛋白質	碳水化合物	糖	鹽	纖維
517大卡	31.4克	10.4克	31.8克	26.2克	7.4克	2克	10.7克

軟嫩小羊腿
TENDER LAMB SHANKS

煙燻茄子、香料番茄和綜合燉豆
SMOKY AUBERGINES, SPICED TOMATO & MIXED BEAN STEW

將肉慢火燉煮到入口即化，是我最喜歡的料理方式之一，這道軟嫩小羊肉料理主要以北非綜合香料調味，嚐起來無比療癒舒心。

分量：4人 | **準備時間：5分鐘** | **烹調時間：3小時10分鐘**

4支小羊腿（每支大約400克）

2大匙北非綜合香料，另備一些上菜時用

2條茄子（各250克）

2罐李子番茄罐頭（各400克）

2罐綜合豆子罐頭（各400克）

　　烤箱預熱至200℃。將小羊腿充分抹上橄欖油和紅酒醋各1大匙，以及一半的北非綜合香料，然後放入大的法國砂鍋中，放進烤箱，烤40分鐘，烤到一半時翻面。與此同時，在茄子上戳洞，然後在爐子或烤架上小心地以直火燒烤，用料理夾翻面，烤到裡面軟嫩。

　　茄子放涼到可以用手拿時，小心地去掉外皮，待小羊腿烤好後，將茄子肉放入砂鍋中。用乾淨的雙手將番茄揉碎到砂鍋中，加入一撮海鹽和黑胡椒、剩下的北非綜合香料，以及綜合豆子（連同湯汁），然後攪拌均勻。將烤箱溫度轉至160℃，蓋起砂鍋，放進烤箱，燉煮2小時30分鐘，直到羊肉軟嫩脫骨。撒上另外準備的香料，上桌。這道料理單吃就很美味，也可以搭配米飯或溫熱薄餅一起享用。

熱量	脂肪	飽和脂肪	蛋白質	碳水化合物	糖	鹽	纖維
704 大卡	35 克	15.8 克	61.4 克	33.2 克	11.8 克	1.7 克	14.8 克

小羊肉丸
LAMB MEATBALLS

希臘黃瓜優格薄荷醬、焦香紅甜椒和檸檬
TZATZIKI & MINT SAUCE, CHARRED RED PEPPERS & LEMON

漫步在熱鬧的希臘塞薩洛尼基市 (Thessaloniki)，到處都能看到各種不同形狀和大小的肉丸，這多種多樣的呈現形式讓我有了靈感，做出這道簡單美味的料理，可以把它當成小菜或前菜。

分量：4人　｜　時間：25分鐘

1顆檸檬

1盒希臘黃瓜優格醬（200克）

1把薄荷（30克）

½罐玻璃罐裝烤紅甜椒（230克）

400克小羊絞肉

　　檸檬皮刨細絲，放到一旁備用。將半顆檸檬的汁擠到調理機中，倒入希臘黃瓜優格醬，摘下大部分的薄荷葉一起放進去，然後攪打成滑順的醬料。用海鹽和黑胡椒調味，放到一旁備用。將一條烤紅甜椒瀝乾、切成碎末，然後跟一半的檸檬皮絲、小羊絞肉、一撮海鹽和很多黑胡椒一起放入碗中，抓拌均勻，分成8份，大致搓成長橢圓形的肉丸。

　　取大的不沾平底鍋倒入1大匙橄欖油，以大火加熱，然後放入肉丸，煎10分鐘，直到金黃熟透，過程中不時翻動。將剩下的烤紅甜椒瀝乾、切片，放到肉丸四周，再煎最後2分鐘，煎到一半時翻面。將黃瓜優格薄荷醬等量分盛四盤，上面擺上肉丸和甜椒，撒上剩下的檸檬皮屑和薄荷葉。將剩下的半顆檸檬切成楔形塊狀，吃的時候可以擠汁到肉丸上面。搭配麵包塊沾醬汁食用，非常美味。

熱量	脂肪	飽和脂肪	蛋白質	碳水化合物	糖	鹽	纖維
241 大卡	15.5 克	6.4 克	21.7 克	3.6 克	2.8 克	0.6 克	0.7 克

豪華燉豬肉
SUMPTUOUS PORK STEW

酥脆鼠尾草、洋蔥、甜美番茄和南瓜泥
CRISPY SAGE, ONION, SWEET TOMATOES & SQUASH MASH

這道燉肉非常簡單。我想創造義大利人所說的 agrodolce 風味——也就是酸甜風味：慢燉洋蔥釋出的甜，以及經過烹調收汁的醋產生的酸。

分量：4人 | **時間：3小時**

2枝鼠尾草

600克豬頰肉或豬肩排

3顆洋蔥

2罐李子番茄罐頭（各400克）

1顆大的胡桃南瓜（1.5公斤）

　　烤箱預熱至160℃。取大的法國砂鍋倒入3大匙橄欖油，摘下鼠尾草葉放入鍋中，以中火煎到酥脆，然後取出放到廚房紙巾上，鍋中留下吸收了鼠尾草香氣的油。豬肉切成2公分的塊狀，撒上2茶匙黑胡椒和一撮海鹽翻拌均勻，然後放入鍋中煎到上色。將洋蔥去皮、粗略切碎，加入鍋中。倒入一些紅酒醋，煮20分鐘，或直到洋蔥顏色變深並焦糖化，過程中不時攪拌。用乾淨的雙手將番茄揉碎到鍋中，然後倒入2個罐頭的水量。蓋上鍋蓋，放進烤箱，燉煮2小時30分鐘，直到豬肉變得軟嫩，然後嚐一下味道並適當調味。

　　烤到剩下1小時15分鐘時，將南瓜對半切、去籽，放入烘焙烤盤，充分抹上1大匙橄欖油，以及一撮海鹽和黑胡椒。放進烤箱，烤到南瓜變得軟嫩。如有需要，可以加一些水到燉肉中。挖出柔軟的南瓜肉，與燉肉一起盛盤，撒上酥脆的鼠尾草葉，上桌。

熱量	脂肪	飽和脂肪	蛋白質	碳水化合物	糖	鹽	纖維
636 大卡	35 克	9.4 克	34.8 克	49.2 克	32.0 克	0.9 克	10.2 克

烤大白腰豆
GIANT BAKED BEANS

迷你香腸肉丸、甜美番茄和香濃菲達乳酪
MINI SAUSAGE MEATBALLS, SWEET TOMATOES & TANGY FETA

地中海沿岸地區的人們喜愛各式各樣不同品種的豆子，受到在塞薩洛尼基嚐到的美味小菜拼盤（mezze）啟發，我創造了這道簡單又可口的料理，我們全家都很喜歡。

分量：6人　│　時間：50分鐘

6根香料豬肉香腸或植物肉（總共400克）

320克冷凍蔬菜丁（洋蔥、胡蘿蔔和西洋芹）

1罐玻璃罐裝大白腰豆（700克），或2罐白腰豆罐頭（各400克）

2罐李子番茄罐頭（各400克）

200克菲達乳酪

　　烤箱預熱至180°C。取大的不沾平底鍋倒入1大匙橄欖油，以中火加熱。將香腸肉從腸衣中取出，大致捏成3公分的肉丸，直接放入鍋中，煎3分鐘，直到完全上色，然後盛盤。將冷凍蔬菜丁倒入鍋中，煮10分鐘，過程中不時攪拌，然後將大白腰豆連同湯汁一起倒入鍋中。用乾淨的雙手將番茄揉碎到鍋中，並用黑胡椒調味，然後煮到大滾。將一半的菲達乳酪捏得細碎，拌入鍋中，放入香腸肉丸，再將剩下的菲達乳酪剝成大塊，撒到上面。放進烤箱，烤煮25分鐘，直到金黃濃稠、滾燙冒泡。我喜歡單吃這道料理，或搭配新鮮麵包沾醬汁食用。

熱量	脂肪	飽和脂肪	蛋白質	碳水化合物	糖	鹽	纖維
571 大卡	34.6 克	13.3 克	31.4 克	32.9 克	12.6 克	2 克	10.6 克

薄切牛排
STEAK TAGLIATA

巴薩米克風味甜菜、山羊乳酪和龍蒿
GLAZED BALSAMIC BEETROOTS, GOAT'S CHEESE & TARRAGON

這道料理使用較便宜的牛排部位——煎到五分熟再切成薄片，搭配美味無法擋的甜菜和巴薩米克醋，以及山羊乳酪和龍蒿，真是一種享受。

分量：2人　│　時間：16分鐘

180克真空包裝熟甜菜根（不含醋）

1塊300克側腹橫肌牛排（skirt steak），例如橫膈膜中心肉（onglet）

4大匙濃厚巴薩米克醋

70克軟山羊乳酪

½把龍蒿（10克）

　　甜菜根略為修整，然後切成0.5公分厚的片狀。取大的不沾平底鍋以大火加熱。將牛排以海鹽和黑胡椒調味。在鍋中倒入1大匙橄欖油，放入牛排，煎5分鐘，或直到五分熟，過程中不時翻轉移動牛排，然後盛入盤中靜置。將甜菜放入鍋中，淋上巴薩米克醋，翻拌幾分鐘，使甜菜的表面有光澤。將甜菜等量分盛兩盤，然後將山羊乳酪切成薄片、鋪到上面。將牛排以逆紋切成薄片，等量盛盤，淋上靜置時流出的肉汁。摘下龍蒿葉，拌入一些特級初榨橄欖油和紅酒醋，然後撒到上面。

熱量	脂肪	飽和脂肪	蛋白質	碳水化合物	糖	鹽	纖維
523 大卡	30 克	13 克	42.9 克	19.4 克	18.4 克	1.4 克	1.7 克

手撕小羊肩肉
PULLED LAMB SHOULDER

巴哈拉特綜合香料、醃漬蔬菜、薄餅和鷹嘴豆泥
BAHARAT SPICES, PICKLED VEG, FLATBREADS & HOUMOUS

這道美妙的宴客菜使用中東的巴哈拉特綜合香料，搭配速成醃菜、手作薄餅、鷹嘴豆泥淋醬，以及入口即化的嫩肉——真是一道豐盛的餐點。

分量：10人 | **準備時間：5分鐘** | **烹調時間：5小時20分鐘**

1罐巴哈拉特綜合香料（42克）

1塊帶骨小羊肩肉（3公斤）

1公斤自發麵粉，另備一些防沾黏用

2包綜合炒蔬菜（甜椒、洋蔥、胡蘿蔔和高麗菜，每包各320克）

2盒鷹嘴豆泥（各200克）

　　烤箱預熱至150°C。將大部分的綜合香料、橄欖油和紅酒醋各2大匙，以及一大撮海鹽和黑胡椒混合均勻，然後充分抹到小羊肉上。將肉放入深烤盤中，倒入一些水，用錫箔紙緊緊包覆，放進烤箱，烤5小時，直到非常軟嫩、可以輕易撕開的程度。拿掉錫箔紙，用流出的肉汁澆淋小羊肉，再烤最後20分鐘。

　　與此同時，將麵粉倒入碗中，加入一小撮海鹽，慢慢加入600毫升的水，邊加邊用叉子攪拌均勻。將麵團放到撒上一些麵粉的檯面上，揉幾分鐘，直到麵團變得光滑。將麵團分成10份，放到撒上一些麵粉的烤盤中，蓋上濕布，等到需要時再掀開。將綜合蔬菜倒入碗中，淋上4大匙紅酒醋和一大撮海鹽和黑胡椒，翻拌均勻，放到一邊醃漬。待小羊肉烤到剩下30分鐘時，將麵團擀成直徑大約25公分的圓麵餅，放入大的不沾平底鍋中，以大火乾煎，直到金黃膨起——你可能需要分批處理。將煎好的薄餅用乾淨的茶巾蓋起保溫。瀝掉小羊肉的油脂（裝入果醬罐中改天再用）。將滾水倒入烤盤，與肉汁一起拌勻，刮起盤底的褐渣。將鷹嘴豆泥和一撮綜合香料放入上菜碗中拌勻，然後加入一些水稍微稀釋。將小羊肉撕碎，丟掉骨頭，放入烤盤中，與肉汁一起翻拌。將醃菜盛到薄餅上，放上小羊肉絲，淋上鷹嘴豆泥醬，撒上一撮綜合香料，上桌。

熱量	脂肪	飽和脂肪	蛋白質	碳水化合物	糖	鹽	纖維
923 大卡	46.1 克	17.7 克	44.2 克	84.6 克	5.4 克	2.2 克	8.6 克

李子乾燉豬肉
PORK & PRUNES

甜美胡蘿蔔和迷迭香風味脆豬皮
SWEET CARROTS & CRISPY ROSEMARY CRACKLING

美麗的希臘島嶼斯科派洛斯島（Skopelos）將李子乾視為最珍貴的食材之一，用各種美味的方式來烹調，例如這道鄉村燉肉，藉此帶出食材深厚的甜鹹風味。

分量：6人 ｜ 時間：2小時15分鐘

1.5公斤五花肉，切下並保留豬皮和肋骨（請肉販幫你處理）
½把迷迭香（10克）
滿滿1大匙香菜籽粉
800克混色胡蘿蔔
200克李子乾（去核）

　　烤箱預熱至220℃。準備製作脆豬皮，將豬皮捲起來，用鋒利的菜刀切成1公分的條狀，然後放入深烤盤中。加入一大撮海鹽和黑胡椒翻拌，然後烤20分鐘，直到金黃酥脆。烤到剩下最後5分鐘時，摘下一半的迷迭香並拌入豬皮中一起烤。烤好之後，盛到廚房紙巾上吸油，放到一旁備用。將烤箱的溫度降至160℃。

　　與此同時，將五花肉切成2.5公分的塊狀，加入一撮海鹽、1茶匙黑胡椒，以及香菜籽粉翻拌五花肉和肋骨。取大的法國砂鍋倒入1大匙橄欖油，放入五花肉和肋骨，以大火煎到完全金黃，過程中不時翻動。將胡蘿蔔切成3公分的塊狀，李子乾粗略切碎，剩下的迷迭香切成細末，全部加入鍋中。邊攪邊煮5分鐘，直到所有食材顏色變深。加入一些紅酒醋，倒入600毫升的水，攪拌均勻。蓋起砂鍋，放進烤箱，慢燉1小時30分鐘，直到食材變得軟嫩。過程中可攪拌一下，如有需要，可以加一些水。將脆豬皮放到燉肉上，上桌。搭配麵包、米飯或馬鈴薯非常美味。

熱量	脂肪	飽和脂肪	蛋白質	碳水化合物	糖	鹽	纖維
671 大卡	44.8 克	15.6 克	42.2 克	26.8 克	19.2 克	1.3 克	5.8 克

薄豬排
PORK ESCALOPE

煎蛋、醃橄欖和檸檬
FRIED EGG, MARINATED OLIVES & LEMON

將豬肉精心裹上麵包粉，煎到酥脆多汁，這道料理在地中海各地廣受歡迎。佐上深受人們喜愛的滑嫩煎蛋和鹹香橄欖，擠上一些酸香的檸檬汁，真是美味極了。

分量：2人　｜　時間：20分鐘

100克細麵包粉

3大顆蛋

300克豬小里肌

8顆混色醃橄欖

½顆檸檬

　　將麵包粉倒入大盤子中，1顆蛋打入淺碗中並打散。豬小里肌切成4等份，一次一份將豬肉放在2張防油紙之間，用拳頭或擀麵棍打薄打嫩並稍微擀壓一下，直到厚度大約0.5公分。將每片豬肉以海鹽和黑胡椒調味，逐一沾上蛋液，讓多餘的蛋液流下，然後放入麵包粉中，翻面、壓實，以裹上麵包粉。將橄欖連同裡面的醃漬食材一起切碎（如有核，請先去核）。檸檬切成楔形塊狀。

　　我喜歡一次煎一份：取大的不沾平底鍋，倒入適量橄欖油，放入2片薄豬肉，以中大火煎，每面煎1.5分鐘，直到金黃熟透。豬肉翻面之後，在旁邊打入1顆蛋，煎到自己喜歡的熟度──將鍋子傾斜，把多餘的油舀到蛋上，讓蛋煎熟。將煎好的薄豬肉放到鋪有廚房紙巾的盤子中吸油，然後盛盤，放上煎蛋，撒上一半的碎橄欖。將剩下的食材以同樣的步驟煎好。旁邊擺上擠汁用的楔形檸檬塊，上桌。

熱量	脂肪	飽和脂肪	蛋白質	碳水化合物	糖	鹽	纖維
492 大卡	16.8 克	5 克	60.7 克	24.4 克	2.1 克	1.8 克	1.1 克

慢燉小羊肉
LAMB TANGIA

香料番茄橄欖高湯和細米線
SPICED TOMATO & OLIVE BROTH & VERMICELLI RICE NOODLES

這絕對是一道最簡單美味的料理，只要把食材全部加進來，放進烤箱慢燉，就能煮出濃郁美妙的風味，搭配米線可以吸附所有美味。

分量：4人 | **準備時間：15分鐘** | **烹調時間：3小時**

1.2公斤小羊頸肉，帶骨、切片

2大匙北非綜合香料，另備一些上菜時用

1公斤熟的混色番茄

100克混色醃橄欖

3球細米線（150克）

　　烤箱預熱至180℃。將小羊頸肉和北非綜合香料放入大鍋（或坦吉亞鍋[12]）中。將番茄切成4瓣、去籽，跟橄欖連同裡面的醃漬食材一起放入鍋中。倒入1.5公升的滾水，蓋上鍋蓋，放進烤箱，燉煮3小時，直到羊肉軟嫩脫骨。嚐一下高湯，然後適當調味。細米線掰開，放入鍋中並浸入湯裡，然後蓋上鍋蓋，浸泡5分鐘，使其吸收美味的湯汁。取出羊肉、撕碎，丟掉碎軟骨和骨頭，然後將肉放回鍋中。翻拌均勻，淋上一些特級初榨橄欖油，撒上另外準備的北非綜合香料。

---

12 坦吉亞鍋（tangia）是陶土製成的甕形容器，是摩洛哥常見的烹調用具，以坦吉亞鍋烹煮的料理也稱坦吉亞燉菜。——譯註

熱量	脂肪	飽和脂肪	蛋白質	碳水化合物	糖	鹽	纖維
544 大卡	24.2 克	10.2 克	34.2 克	46.8 克	8 克	1.8 克	3.4 克

巴薩米克燉豬肉
BALSAMIC PORK STEW

西洋芹、綜合香料、黑胡椒、洋蔥和茄汁
CELERY, MIXED SPICE BLACK PEPPER, ONION & TOMATO SAUCE

這道療癒的義大利燉肉味道深厚，帶有層次豐富的溫和香料風味。此外，慢燉豬肉和香醋讓人十指大動。吃剩下的，拿來拌義大利麵和帕馬森乳酪也非常美味。

分量：8-10人 │ **準備時間：5分鐘** │ **烹調時間：3小時15分鐘**

2公斤豬肩肉排

1株西洋芹

2罐玻璃罐裝巴薩米克醋醃洋蔥（各454克）

滿滿3茶匙綜合香料

2罐李子番茄罐頭（各400克）

　　烤箱預熱至150℃。將每塊豬排對半切，用一大撮海鹽和1大匙黑胡椒翻拌。取大的法國砂鍋，倒入2大匙橄欖油，放入豬肉，以大火煎到呈金黃色，過程中不時翻動，然後盛盤──你可能需要分批處理。與此同時，將西洋芹切除不要的部分，削掉粗皮，大致切塊，將中間黃色的葉子泡入冷水中。將醃洋蔥瀝乾、對半切，保留罐子裡的巴薩米克醋。

　　將西洋芹、醃洋蔥和綜合香料加入鍋中的肉汁裡，倒入5大匙巴薩米克醋（剩下的醋不要倒掉，可以拿來製作美味的沙拉淋醬）。煮到醋味揮發後，將豬肉放回鍋中，加入番茄並用湯匙搗碎。倒入2個罐頭的水量，煮到小滾，蓋上鍋蓋，放進烤箱，燉煮2小時。打開蓋子，快速攪拌一下，放回烤箱，繼續燉煮1小時，直到肉變得非常軟嫩。適量調味，然後將芹菜葉瀝乾、撒到上面。搭配麵包、米型麵、馬鈴薯泥、義大利玉米糊或米飯非常美味。

熱量	脂肪	飽和脂肪	蛋白質	碳水化合物	糖	鹽	纖維
484 大卡	29.6 克	9.8 克	48.6 克	6.8 克	6 克	1.7 克	1.8 克

甜品
SWEET THINGS

喬爾斯的巧克力之夢
JOOLS' CHOCOLATE DREAMS

絲滑巧克力、極品咖啡、純粹的幸福
SILKY-SMOOTH CHOCOLATE, BEST COFFEE, PURE HAPPINESS

巧克力和咖啡在整個地中海地區都廣受歡迎，也是我太太最喜歡的兩種縱情享受的食物，那我何不做一道可能是地球上最罪惡的甜點呢？

分量：6人　│　時間：40分鐘，冷卻時間另計

150克70% 黑巧克力

125克無鹽奶油

50毫升優質濃縮咖啡

2大顆蛋

125克黃金細砂糖（golden caster sugar）

　　烤箱預熱至120°C。將巧克力掰開，放入耐熱碗中，加入奶油、濃縮咖啡和一大撮海鹽，架到微微沸騰的水鍋上隔水加熱，慢慢融化到滑順，過程中不時攪拌。與此同時，將蛋和糖一起攪打，直到色澤變淡、分量變成2倍，然後小心地拌入融化的巧克力混合物。

　　燒開一壺水。將混合物等量分裝到6個咖啡杯或小烤皿中，然後放進深烤盤。將烤盤放進烤箱，小心地在烤盤中倒入滾水，水需淹到杯子或烤皿一半的高度。烤20分鐘，然後小心地從烤箱中取出，留在水中放涼2小時。上桌前，我有時會額外刨上一些巧克力，或加上櫻桃、血橙或野莓等新鮮水果，再淋上一勺優格或法式酸奶油。

熱量	脂肪	飽和脂肪	蛋白質	碳水化合物	糖	鹽	纖維
400 大卡	26.8 克	15.9 克	3.8 克	38.6 克	38.5 克	0.4 克	0 克

簡易無花果塔
EASY FIG TART

果乾堅果塔皮、香草優格和蜂蜜
FRUIT & NUT BASE, VANILLA YOGHURT & HONEY

有了這道超快速的免烤無花果塔，不用繁複的作法，也能做出令人驚豔的甜點——在碎果乾堅果做的精緻塔皮上盛上優格，擺上無花果，再淋上一些蜂蜜。

分量：8人　|　**時間：10分鐘，冷凍時間另計**

300克豪華綜合果乾堅果

500克希臘優格

1茶匙香草籽醬

1茶匙液體蜂蜜，另備一些上菜時用

4顆熟透的無花果

　　在20公分的扣環式蛋糕模鋪上防油紙。將綜合果乾堅果倒入食物處理機中，攪打到細緻、產生黏性（可以用手輕易塑形的程度），壓入鋪上紙的模具底盤，直到高度達2.5公分。冷凍1小時，使塔皮變硬。冰好之後，將優格、香草籽醬和1茶匙蜂蜜混合均勻，然後舀入冷凍過的塔皮上。再冷凍1小時，直到稍微凝固定型。將塔脫模，無花果對半切或切成4瓣，整齊地擺到上面，最後淋上大量蜂蜜。

熱量	脂肪	飽和脂肪	蛋白質	碳水化合物	糖	鹽	纖維
272 大卡	16.3 克	4.7 克	7.2 克	23.3 克	22.6 克	0.1 克	2.5 克

蘋果塔
APPLE TART

黏潤杏桃糖衣、杏仁片和冰淇淋
STICKY APRICOT GLAZE, FLAKED ALMONDS & ICE CREAM

這道甜點的靈感來自法國糕點店常看到的經典法式小塔（tartelette），為了方便，我買了現成的酥皮來做。佐上香草冰淇淋，這道精美小點的作法值得收入你的料理錦囊。

分量：8人　|　時間：50分鐘

320克整張現成酥皮（冷的）

200克杏桃醬

4顆蘋果

1大匙杏仁片

香草冰淇淋，上菜時用

　　烤箱預熱至200℃。將酥皮攤開，連同原本的墊紙一起放入烘焙烤盤中，然後沿著酥皮邊緣劃出1公分的邊界（不要切斷）。將杏桃醬倒入鍋中，以小火加熱30秒，讓果醬稍微融解，過程中不時攪拌。蘋果切成薄薄的圓片，丟掉小核籽（家裡有的話，可以用附有護手的蔬果切片器來切）。蘋果片加入杏桃醬中翻拌均勻，然後一層一層整齊地疊到酥皮的邊界內，把較不漂亮的蘋果片藏在底下。將烤盤放進烤箱底層的烤架上，烤30分鐘，直到金黃熟透。烤到剩下最後5分鐘時，撒上杏仁片。將蘋果塔切成等份，舀上一球球香草冰淇淋。

熱量	脂肪	飽和脂肪	蛋白質	碳水化合物	糖	鹽	纖維
262大卡	11.1克	5克	3.1克	45克	21.1克	0.4克	1.7克

焦糖布丁
CRÈME CARAMEL

甜美香草卡士達和百香果
SWEET VANILLA CUSTARD & PASSION FRUIT

有些時候，什麼也比不上焦糖布丁這種老派的經典甜點。加上神奇的百香果，讓這道受歡迎的甜點增添新鮮水果風味，享用起來也沒那麼有罪惡感。

分量：6人 | **時間：1小時，冷藏時間另計**

160克細砂糖

1根香草莢

600毫升全脂牛奶

6大顆蛋

3顆熟百香果

 烤箱預熱至150℃。在深烤盤中鋪上防油紙，裡面放入6個小烤皿或耐烤模具。將100克細砂糖倒入不沾平底鍋中，加入3大匙水，以中火加熱約8分鐘，直到呈栗子色的焦糖——請不要攪拌或嚐味道，只要偶爾輕輕轉一下鍋子即可。快速而小心地將焦糖平均倒入每個烤皿或模具中。將香草莢從縱向切開，刮出香草籽，然後連同香草莢、香草籽和牛奶一起倒入醬汁鍋中，煮到快要滾時，把火關掉。與此同時，將2顆全蛋和4顆蛋黃放入碗中（蛋白留著改天做蛋白霜），加入剩下的細砂糖，一起攪打均勻。慢慢倒入熱牛奶，邊倒邊持續攪拌。丟掉香草莢，撇除表面的泡沫。

 將卡士達液平均倒入每個烤皿或模具中。小心地在烤盤中倒入滾水，直到水淹到一半的高度。烤30分鐘，直到布丁定型、插入尖刀拔出來後沒有沾黏的程度。留在水中放到完全冷卻。將焦糖布丁從烤盤中取出、蓋起來，放進冰箱冷藏至少4小時或過夜。上桌前，將每個烤皿或模具的底部浸入一碗滾水中1分鐘，讓布丁鬆脫，拿刀沿著布丁邊緣劃開，然後大膽地倒扣到盤子中，如有需要，可以輕輕搖晃一下幫助脫模。在每個布丁上擠上半顆百香果，上桌。

熱量	脂肪	飽和脂肪	蛋白質	碳水化合物	糖	鹽	纖維
256 大卡	10.1 克	4.2 克	10.6 克	32.9 克	32.9 克	0.3 克	0 克

檸檬塔
LEMON CURD TART

柑橘風味酥皮和新鮮覆盆莓
CITRUS-SWIRLED PASTRY & FRESH RASPBERRIES

地中海地區有許多美味的甜點都會使用當地盛產的柑橘，我用葡萄牙人和法國人擅長的作法，將這道檸檬塔的酥皮捲入檸檬皮屑來提升風味，創造出令人驚豔的質地。

分量：6人　｜　時間：30分鐘

120克糖粉，另備一些防沾黏用

320克整張現成酥皮（冷的）

5顆檸檬（共120毫升檸檬汁）

4大顆蛋

150克覆盆莓

　　烤箱預熱至190℃。在乾淨的檯面上撒上糖粉，鋪上酥皮，丟掉墊紙。在酥皮上撒上糖粉，細細刨上2顆檸檬的皮屑，然後將酥皮緊緊捲起，切成1公分長的小圓捲。取24公分的耐烤不沾平底鍋，抹上橄欖油，將小圓捲平均放入鍋中和鍋邊，然後將其緊緊壓扁、壓在一起，形成一大片酥皮。將烤盤放進烤箱底層的烤架上，烤20分鐘，直到略呈金黃色。

　　與此同時，在大的耐熱碗中細細刨入剩下的檸檬皮屑，擠入所有的檸檬汁（需要120毫升），倒入剩下的糖粉，打入雞蛋，一起攪打均勻，然後將碗架在滾著水的鍋子上，以中火隔水加熱。持續攪拌約10分鐘，直到變稠，然後離火。將檸檬蛋黃醬倒入烤好的酥皮上，然後放回烤箱烤幾分鐘（如果酥皮邊緣開始烤黑，可以包上錫箔紙）。將檸檬塔放涼到常溫，上面撒上一些覆盆莓，剩下的擺到旁邊，上桌。

熱量	脂肪	飽和脂肪	蛋白質	碳水化合物	糖	鹽	纖維
341 大卡	16.8 克	7.5 克	8.1 克	51.3 克	22.7 克	0.6 克	1.6 克

芝麻醬堅果巧克力
TAHINI ROCKY ROAD

波紋果醬、碎餅乾、果乾堅果
JAM RIPPLE, CRUSHED BISCUITS, FRUIT & NUTS

旅遊的樂趣之一，就是可以遇見各種神奇的食材組合，而最有趣的地方，是將這些組合融入自己家的經典料理中——這道美味甜點就是我在結束突尼西亞旅程後創造的。

分量：12 | **時間：20分鐘，冷藏時間另計**

300克70% 黑巧克力

4大匙中東芝麻醬

300克豪華綜合果乾堅果

200克蘇格蘭奶油酥餅

2大匙果醬

　　將耐熱碗架在微微沸騰的滾水鍋上，掰開巧克力放入碗中，加入3大匙中東芝麻醬，不時攪拌，直到融化。與此同時，將一半的果乾堅果和所有餅乾粗略切碎，然後跟剩下的果乾堅果混合。將大部分的果乾堅果和餅乾混合物拌入融化的巧克力中，剩下的混合物留著待會裝飾用。將混合好的巧克力倒入一個鋪有防油紙的烘焙烤盤中（烤盤大小必須能讓倒入的巧克力厚達2.5公分左右），撒上剛才預留的果乾堅果和餅乾。在巧克力上舀入幾勺果醬和剩下的中東芝麻醬，以波紋狀的方式劃開。放入冰箱冷藏幾小時，待巧克力變硬、定型後，切片、上桌。

熱量	脂肪	飽和脂肪	蛋白質	碳水化合物	糖	鹽	纖維
381 大卡	23.5 克	8.6 克	6.3 克	36.7 克	27.8 克	0.2 克	2.5 克

開心果奶酪
PISTACHIO PANNA COTTA

甜美柳橙蜂蜜糖漿、柳橙瓣 & 碎開心果
SWEET ORANGE & HONEY SYRUP, ORANGE SEGMENTS & BASHED PISTACHIOS

義式奶酪是義大利最有名的甜點之一，西西里島受到一些阿拉伯文化的薰陶，我想你從這道甜點就能細細品嘗出來。

分量：8人 | **時間：30分鐘，冷藏時間另計**

3片吉利丁
700毫升全脂牛奶
200克去殼無鹽開心果
4顆大的多汁柳橙
4大匙液體蜂蜜

　　吉利丁以冷水泡軟。牛奶倒入鍋中，加入大部分的開心果，削入1顆柳橙的皮，加入2大匙蜂蜜，混合均勻。煮滾之後馬上離火，靜置冷卻10分鐘。取出橙皮，將牛奶混合物倒入調理機中。擠掉吉利丁的水，加入調理機中。待吉利丁融化之後，攪打3分鐘，直到滑順。將打好的混合物倒入8個模具或玻璃小碗中，蓋好，放進冰箱冷藏至少5小時，直到凝固定型。
　　與此同時，在小鍋中擠入2顆柳橙的汁，另外2顆柳橙去皮、切成一瓣一瓣。在鍋中淋入2大匙蜂蜜，以中火煮到收汁，直到變成淺色糖漿──大約需要7分鐘。將剩下的開心果打碎。準備上桌時，將每個奶酪倒扣到小盤子或茶碟中。最簡單的作法是將每個模具或小碗底部浸入滾水中大約10秒，直到奶酪開始晃動，然後上面蓋上一個盤子，大膽地將模具或小碗翻過來。佐上柳橙瓣、糖漿和碎開心果，上桌。

熱量	脂肪	飽和脂肪	蛋白質	碳水化合物	糖	鹽	纖維
255 大卡	16.7 克	3.8 克	10.6 克	16.5 克	16 克	0.1 克	1.6 克

奧利佛式果仁蜜餅
KINDA BAKLAVA

薄脆酥皮、細米線、果乾堅果、柳橙蜂蜜
CRISPY FILO, RICE NOODLES, NUTS, FRUIT, ORANGE & HONEY

我有幸品嘗過各種以不同美妙方式調味的果仁蜜餅[13]，這道是我用五種食材做的致敬版本，以容易取得的食材和簡單的製作方式，讓風味和口感最大化。

分量：10-12人 | **時間：45分鐘，冷卻時間另計**

3顆大的多汁柳橙

1罐玻璃罐裝液體蜂蜜（340克）

2球細米線（100克）

300克豪華綜合果乾堅果

1包薄脆酥皮（270克）

　　取大的不沾平底鍋，細細刨入一半的柳橙皮屑，擠入所有柳橙汁，加入蜂蜜，以中火煮成糖漿，過程中不時輕輕轉動鍋子（小心，這非常燙！），然後放到一旁冷卻。烤箱預熱至170℃。細米線浸入滾水中泡軟，然後瀝乾，擠掉多餘的水分。與此同時，將一半的果乾堅果倒入食物處理機中，打到非常細碎，然後加入剩下的果乾堅果，再打幾下——這樣可以同時保留細緻和顆粒的口感。將一些果乾堅果混合物放到一旁備用。在食物處理機中放入細米線，再攪打幾下。在30公分的耐烤不沾平底鍋中抹上橄欖油，一半的薄脆酥皮抹上薄薄一層油，然後層層疊到鍋中，未抹油的部分懸在鍋子外面。將細米線和果乾堅果混合物均勻撒在鍋中的酥皮上，然後將另一半酥皮抹上薄薄一層油，蓋到鍋子中的酥皮上，邊緣塞入鍋邊縫隙，緊緊壓實——不用塞得很整齊沒關係。小心地預切成自己喜歡的大小形狀，然後放進烤箱，烤30分鐘，烤到剩下最後5分鐘時，撒上剩下的果乾堅果。

　　從烤箱中取出，用煎魚鏟輕輕壓一下酥皮，均勻淋上糖漿，然後靜置冷卻2小時。準備上桌時，將鍋子放到極小的火上加熱，讓果仁蜜餅鬆脫，然後直接上桌，或是小心並大膽地倒扣到麵包木盤上。

13　果仁蜜餅（Baklava）又稱巴克拉瓦，是土耳其最知名的酥皮甜點，以碎堅果、酥皮和蜂蜜糖漿製成，再切成小塊。——譯註

熱量	脂肪	飽和脂肪	蛋白質	碳水化合物	糖	鹽	纖維
332 大卡	9.2 克	1.5 克	6.7 克	58.5 克	30.8 克	0.2 克	1.9 克

檸檬雪酪
LEMON SHERBET

義式杏仁餅碎末、黑莓醬
AMARETTI CRUMB, SQUASHED BLACKBERRIES

在地中海炙熱的豔陽下，大概沒什麼比冰涼的甜點更令人感到清爽的了。這道有趣的食譜使用了柑橘，讓乳製品產生雪酪的氣泡感。真是美味！

分量：6人　|　時間：10分鐘，冷凍時間另計

5顆檸檬（共200毫升檸檬汁）

1罐煉乳（397克）

2大匙法式酸奶油

150克黑莓

70克義式杏仁餅

　　將檸檬皮屑細細刨入烤盤中，靜置乾燥，等會要裝飾用。在碗中擠入所有檸檬汁（需要200毫升），去掉檸檬籽，拌入大部分的煉乳、法式酸奶油和250毫升的水，然後刮入冷凍容器或長條烤模中，蓋上蓋子。冷凍4小時後，放入食物處理機中打散，再次冷凍，直到變成可以用冰淇淋勺舀出的質地。

　　準備上桌時，將黑莓和剩下的煉乳一起攪打到非常滑順，如有需要，可以加一些水稍微稀釋。將義式杏仁餅壓成細末，舀到上菜盤中，上面盛上檸檬雪酪，撒上剛才預留的檸檬皮屑，旁邊佐上黑莓醬，上桌。

熱量	脂肪	飽和脂肪	蛋白質	碳水化合物	糖	鹽	纖維
284 大卡	9.8 克	4.9 克	7 克	44.3 克	44.1 克	0.2 克	1.5 克

簡單慶祝蛋糕
SIMPLE CELEBRATION CAKE

義式聖誕麵包、瑞可塔乳酪和檸檬蛋黃醬波紋、草莓

PANETTONE, RICOTTA & LEMON CURD RIPPLE, STRAWBERRIES

在這道食譜中,我透過一款最棒的簡易蛋糕,盡情體驗和享受阿瑪菲(Amalfi)海岸的風味。這款蛋糕做起來有趣,嚐起來美味,讓你輕鬆就能端出賞心悅目的甜點。

分量:8-10人 | 時間:18分鐘

1個義式聖誕麵包(750克)

2盒新鮮草莓(各225克)

500克瑞可塔乳酪(冷的)

1大匙液體蜂蜜

滿滿3大匙檸檬蛋黃醬

　　將聖誕麵包從包裝紙中取出,橫切3大片厚度大約2.5公分的圓片(剩下的麵包留著當美味早餐)。3顆草莓細細刨入碗中,拌入1茶匙特級初榨橄欖油,然後抹到每片麵包圓片的一面上,放到一旁,讓汁液滲入麵包。將瑞可塔乳酪和蜂蜜倒入食物處理機,打到絲滑,然後均分抹到每片麵包圓片上。將玻璃罐裡的檸檬蛋黃醬攪拌一下,使其鬆開,然後以波紋方式抹到每片麵包圓片上。剩下的草莓去蒂,切成薄片(留幾顆漂亮的草莓待會裝飾用),整齊地排到其中兩片麵包圓片上。接著將麵包圓片疊起,上面飾裝草莓片和整顆草莓。放入冰箱冷藏,要吃的時候再拿出來。

PS

如果想做更有趣的變化,可以將¼罐蜂蜜倒入鍋中,以中火加熱。將蜂蜜煮到冒泡,直到形成深色的焦糖(千萬別去碰它!)。靜置冷卻5分鐘,然後小心地將整顆草莓沾裹焦糖,拿在鍋子上方,讓焦糖滴下、拉出糖絲。將草莓倒放在防油紙上避免沾黏,待定型後,拿來裝飾蛋糕。清洗時,在鍋內倒入2.5公分深的水,蓋上鍋蓋燜煮5分鐘,就能輕鬆洗淨鍋子。

熱量	脂肪	飽和脂肪	蛋白質	碳水化合物	糖	鹽	纖維
464 大卡	18.6 克	11.7 克	13 克	60.6 克	32.8 克	0.8 克	4.3 克

美味烤杏桃
AMAZING BAKED APRICOTS

蜂蜜蛋白霜、杏仁片和黑巧克力淋醬
HONEY MERINGUE, FLAKED ALMONDS & DARK CHOCOLATE DRIZZLE

我喜歡用核果來做甜點，這道食譜使用的是杏桃，不過使用水蜜桃、李子或櫻桃也一樣美味。加上變化版的法式風味杏仁塔（frangipane）和蛋白霜，就變成一道完美的混搭甜點了。

分量：8人 | **時間：40分鐘**

300克杏仁片

2罐帶汁切半杏桃罐頭（各411克）

250克液體蜂蜜

3大顆蛋

50克70% 黑巧克力

　　烤箱預熱至180℃。在食物處理機中倒入270克杏仁片，打到非常細碎。將杏桃瀝乾，放入大烤皿中。杏桃湯汁倒入食物處理機中，加入100克蜂蜜和3大匙橄欖油。接著將蛋黃和蛋白分開，蛋黃放入食物處理機中（蛋白留待稍後使用），打到滑順。將混合物均勻倒到杏桃上，放進烤箱，烤25分鐘。

　　烤到剩下10分鐘時，將蛋白和1撮海鹽放入抬頭式攪拌機中，打發成尖挺的蛋白霜。在小鍋中倒入剩下的蜂蜜和1大匙水，以中火煮滾。在攪拌機仍高速運作時，緩慢、穩定、小心地將煮滾的蜂蜜倒入攪拌機中。混合後，繼續攪拌6分鐘，直到攪拌機的容器摸起來涼涼的。將烤皿從烤箱中取出，舀上蛋白霜，撒上剩下的杏仁片。放回烤箱，烤最後5分鐘，另一邊將巧克力架到滾水鍋上融化，然後淋到蛋白霜上做最後裝點。

熱量	脂肪	飽和脂肪	蛋白質	碳水化合物	糖	鹽	纖維
440 大卡	29.5 克	3.8 克	11.2 克	34.5 克	33.4 克	0.3 克	0.5 克

早餐麵包
BREAKFAST BREAD

滿滿的果醬和瀝水優格
BOMBS OF FRUITY JAM & HUNG YOGHURT

這道食譜靈感來自我在馬賽嚐到的美味甜麵包，是很棒的早餐或早午餐選擇。雖然不是傳統的法國風味，但這就是融合各種美妙文化的馬賽風味。

分量：10人　│　時間：2小時45分鐘

1小包乾燥酵母（7克）

500克天然優格

50克無鹽奶油（軟化）

500克高筋麵粉

1/2罐玻璃罐裝果醬（選自己喜歡的口味，185克）

　　將酵母倒入裝有300毫升溫水的水罐中混合均勻。加入50克優格和一半的奶油（先將奶油大致切塊），攪拌均勻，靜置幾分鐘。將麵粉和1茶匙海鹽倒入大碗中，中間挖出一個凹洞。然後將酵母混合物慢慢倒入凹洞中，用叉子由外而內拌入麵粉，直到形成麵團。將麵團放到撒了麵粉的檯面上揉10分鐘，直到光滑有彈性。用乾淨的濕茶巾蓋好麵團，放到溫暖的地方發酵1小時，直到體積變為2倍。與此同時，在一個篩網中鋪上幾張廚房紙巾，倒入剩下的優格，將紙巾往上拉，輕輕施加一點力量，讓優格裡的水分開始滴入碗中。將優格放入冰箱繼續瀝水。

　　打出麵團裡的空氣。在30公分耐烤不沾平底鍋中抹上薄薄一層油，放入麵團，拉開延展到符合平底鍋的大小。雙手沾上麵粉，手指深深戳入麵團，戳出許多小洞，將果醬舀入小洞中，然後再發酵1小時。烤箱預熱至180℃，麵團放進烤箱，烤25分鐘，直到金黃熟透。小心地在麵包上抹上剩下的奶油，使其融化，然後放到砧板上切塊。佐上瀝水優格，上桌。

熱量	脂肪	飽和脂肪	蛋白質	碳水化合物	糖	鹽	纖維
293 大卡	6.9 克	4.1 克	8.4 克	51.6 克	12.5 克	0.5 克	1.9 克

高級冰棒
POSH LOLLIPOPS

米布丁、草莓、玫瑰水、巧克力和撒料
RICE PUD, STRAWBERRY, ROSE WATER, CHOC & SPRINKLES

我在突尼西亞做研究時，天氣異常炎熱，這道食譜發想自當地一些街頭小販，他們把冰棒裝飾得華麗極了——這道是我做的水果風味版本。

分量：6-8人（依模型大小而定） │ **時間：15分鐘，冷凍時間另計**

1罐米布丁（400克）

300克熟透的草莓

½茶匙玫瑰水

100克牛奶巧克力

1大匙自己喜歡的撒料，例如巧克力米或碎開心果

　　將米布丁倒入調理機中，攪打到超級滑順。打好的米布丁一半倒入碗中，另一半均分倒入自己喜歡的冰棒模型中，放進冰箱冷凍。將調理機沖洗一下，草莓去蒂，跟玫瑰水一起放入調理機中打到滑順。打好的草莓一半拌入剩下的米布丁中，待第一層冰棒變硬之後，將草莓和米布丁混合物輕輕倒入模型中。插入棒子，再次放進冰箱冷凍。第二層變硬之後，將剩下的草莓和玫瑰水混合物倒入模型中，冷凍過夜。上桌前，從冰箱取出模型，輕輕脫模。將巧克力融化，然後將冰棒沾入巧克力，或將巧克力淋到冰棒上，再用自己喜歡的撒料做最後裝飾。

熱量	脂肪	飽和脂肪	蛋白質	碳水化合物	糖	鹽	纖維
186 大卡	6.5 克	3.8 克	4.3 克	29.1 克	22.3 克	0.1 克	2.3 克

烤乳酪蛋糕
BAKED CHEESECAKE

奶油乳酪和香草籽醬
CREAM CHEESE & VANILLA BEAN PASTE

受到地中海部分地區深受喜愛的烤乳酪蛋糕啟發，這道美味俏皮的小甜點製作起來非常簡單，做出來的成果卻讓人驚嘆連連。

分量：12人 | 準備時間：10分鐘 | 烹調時間：24分鐘，冷卻時間另計

300克糖粉，另備一些防沾黏用

4盒奶油乳酪（各280克）

5茶匙香草籽醬

5大顆蛋

70克中筋麵粉

　　烤箱預熱至220℃。燒開一壺水。將23公分的扣環式蛋糕模底盤鋪上一張圓形防油紙，模具抹上一些橄欖油，輕輕撒上糖粉。將300克糖粉過篩到大碗中，加入奶油乳酪和香草籽醬，一起打到滑順，然後一次一顆逐次將蛋打入碗中攪打，最後將麵粉過篩到碗中攪打。接著將麵糊倒入蛋糕模中，模具底部包上錫箔紙，確保密封性，然後放入深烤盤中，小心地在烤盤中倒入滾水，直到水淹到一半的高度。放進烤箱頂層烤架，烤20分鐘，直到呈金黃色，中間稍微凝固而又輕微晃動的程度。留在水中放涼15分鐘，然後放到一旁完全冷卻。蓋上蓋子，放進冰箱，冷藏至少4小時再切片。搭配季節鮮果非常美味。

熱量	脂肪	飽和脂肪	蛋白質	碳水化合物	糖	鹽	纖維
419大卡	28.3克	18.5克	7.9克	24.6克	29克	0.6克	1.6克

簡單義式水蜜桃冰沙
EASY PEACH GRANITA

甜美香草、新鮮薄荷、優格、伏特加
SWEET VANILLA, FRESH MINT, YOGHURT & VODKA

這是最簡單清爽的甜點之一，撇除酒的部分，它其實非常健康。你可以用李子、草莓、覆盆莓或甜瓜來做，或嘗試自己喜歡的組合。

分量：6人　|　**時間：6分鐘，冷凍時間另計**

2顆熟的水蜜桃，或1罐切片水蜜桃罐頭，含汁（410克）

3枝新鮮薄荷

2茶匙香草籽醬，另備一些上菜時用

500克希臘優格

150毫升伏特加或渣釀白蘭地（grappa）

　　水蜜桃切片（使用新鮮水蜜桃請先削皮、去核；使用罐頭水蜜桃請先瀝乾），平鋪在可重複使用的袋子內，冷凍過夜。準備上桌時，將水蜜桃片剝開，放入食物處理機中，加入幾片薄荷葉和香草籽醬，打碎。將優格均分到6個冰過的甜品碗中，上面舀上冰沙，擺上剩下的薄荷葉，淋上一些香草籽醬。旁邊佐上冰過的酒和一些水蜜桃，上桌。

熱量	脂肪	飽和脂肪	蛋白質	碳水化合物	糖	鹽	纖維
187 大卡	8 克	4.9 克	4.4 克	10.9 克	10.8 克	0.2 克	0.8 克

脆脆雪藏
SMASHIN' SEMIFREDDO

巧克力蜂巢脆餅、櫻桃和榛果
CHOCOLATE HONEYCOMB, CHERRIES & HAZELNUTS

這道美味無比的絕佳甜點比冰淇淋更容易上手，非常適合在家裡做。你可以提前幾週做好，也可以嘗試各種自己喜歡的口味組合。

分量：12人 | **時間：15分鐘，冷凍時間另計**

5條脆餅巧克力棒（冰過，各40克）

200克糖漬櫻桃

100克去皮榛果

4大顆蛋

600毫升重乳脂鮮奶油

　　將30公分的上菜盤放進冰箱冷凍。脆餅巧克力棒打碎，櫻桃切成碎末。將榛果倒入平底鍋中乾炒，直到完全呈金黃色，然後將其切碎或打碎。將蛋黃和蛋白分開，分別放入不同的碗中。在裝有蛋白的碗中加入一撮海鹽，用乾淨的打蛋器打發至非常尖挺。將重乳脂鮮奶油倒入另一個碗中，打到形成絲滑、細軟的小尖（意思就是打到濃稠，但是不要過度打發）。將蛋黃打散，輕輕拌入蛋白中，接著拌入重乳脂鮮奶油，盡可能地攪入空氣。拌入脆餅巧克力棒碎片、碎櫻桃和碎榛果，然後倒入冰凍過的上菜盤，蓋上蓋子，冷凍至少4小時，直到定型（冷凍可保存2週）。

　　享用前，提前2個小時從冷凍庫放到冷藏庫中，讓它慢慢退冰到「雪藏」──也就是半冷凍的狀態，直到呈現類似冰淇淋的較柔軟質地。可以撒上跟剛才相同的配料做裝飾，上桌。

熱量	脂肪	飽和脂肪	蛋白質	碳水化合物	糖	鹽	纖維
435 大卡	35.5 克	18.4 克	4.9 克	24.6 克	22.9 克	0.3 克	0.9 克

實用廚房筆記
HELPFUL KITCHEN NOTES

使用當季優質食材

正如烹飪中經常出現的情況一樣，使用高品質的食材確實能讓食譜更加成功。這本書裡每道食譜要採買的食材都不多，所以我希望你可以把這個錢拿來盡量選購最好的蔬菜、魚類或肉品。另外，記得採買當季食材，這樣做出來的食物不但更美味，也更經濟實惠。在料理蔬果時，一定要先洗乾淨再煮，尤其生食時更要如此。

在挑選品質最好的食材時，能明顯提升風味的食材包括：喬利佐香腸、各種香腸、血腸、乳酪、罐裝豆子和鷹嘴豆、罐裝李子番茄、馬爾頓海鹽（Maldon Sea Salt），以及黑巧克力。

多用魚類和海鮮

魚類和海鮮是非常美味的蛋白質來源，只是這些食材一經捕獲，鮮度就會開始流失，所以盡量在要煮的那幾天再採買。我不建議將魚冷藏多天，真要存放的話，最好冷凍保存。我建議你在採買日那幾天再來煮魚類和海鮮。

一定要選來源負責的魚類和海鮮，找上面標示 MSC（海洋管理委員會）的產品，或問問魚販的建議。試著讓選擇多樣化，盡量挑選當季、永續的產品。如果只買得到養殖魚類，一定要選有 RSPCA（英國皇家防止虐待動物協會）認證，或標示 ASC（水產養殖管理委員會）的產品，確保來自負責任的來源。

肉和蛋

說到肉類，我當然支持更高標準的動福養殖作法，像是有機或放牧養殖法。養殖動物應該受到好的飼養，可以自由漫步，展現自然習性，過著沒有壓力的健康生活。在生活中，任何東西都是一分錢一分貨，而我始終相信你只要花個幾分鐘規劃一週食譜，就會懂得如何巧妙運用較便宜的肉類部位，你也可以試試看我的幾道少肉和蔬食料理，如此一來，在你真的要做肉類料理時，就可以有更多預算來購買優質的肉品。這本書介紹的有些肉類部位要向肉舖購買，我非常推薦你這麼做——這些肉販非常熱心，可以專門幫你訂購肉品，也會稱到足斤足兩給你。

至於蛋和任何含有蛋的食材，像是義大利麵或美乃滋，一定要選放牧或有機產品。

選用優質乳製品

在選購牛奶、優格和奶油等主要乳製品時，請盡量挑選有機產品。與肉品不同的是，有機乳製品價格只會稍貴一些，所以如果有的話，我非常推薦你購買。每次你選購有機產品，都是在支持採用最高動福標準來妥善照顧乳牛和土地的食物系統。

冰箱整理技巧

在調整冰箱空間時，記得要把生肉和鮮魚包好並放在下層，避免交叉感染。任何準備要吃的食物——不管是煮過或不用煮的，都要存放在上層。

冰箱是你最好的朋友

對忙碌的人來說，只要存放得當，冰箱毫

無疑問是你最親密的盟友。如果你一次煮很多，記得先把食物完全放涼再冷凍——分成一份份的會涼得比較快，然後在兩小時內拿去冷凍。每份一定都要包好，貼上標籤方便日後查看。使用前先放到冷藏庫解凍，然後在四十八小時內使用完畢。冷凍過的料理覆熱或解凍後，就不要再重新冷凍。

從營養的角度來看，採收後的蔬果馬上冷凍，可以很有效地保留營養價值，勝過在供應鏈裡被堆放好一段時間的新鮮蔬果。在本書中，你會看到我使用冷凍蔬菜（這我很愛！），以及預先準備的包裝綜合蔬菜，一包產品就能提供多種蔬菜，超級方便又很容易買到。這些作法對忙碌的人來說都是省時妙招，我覺得有義務介紹這些方便的備料祕訣，因為我知道時間有多寶貴。

風味最大化

在本書中，我用了很多我稱之為「風味炸彈」的食材，在大部分超市都買得到。這些食材超級有效，可以快速增添額外的風味。北非綜合香料、巴哈拉特綜合香料、哈里薩辣醬和沙威瑪醬等等，這類芬芳的綜合香料粉和香料醬讓你只用一種濃烈食材，就能提升料理風味。中東芝麻醬、青醬、希臘黃瓜優格醬和酸豆橄欖醬；綜合果乾堅果和種籽、醃橄欖（一定要連同裡面的醃漬食材一起使用！）；以及芥末和辣醬等調味聖品，也能大大提升風味。這些食材可以保證料理的風味和一致性、訓練你的味蕾，同時省下數小時的備料時間。而且它們大多不易腐壞，所以不必急著趕快用完。

大推新鮮香草

新鮮香草對任何廚師來說，都是一份恩

賜。與其去買，何不在自家花園或窗臺上的盆栽裡種植香草呢？香草讓你只用一種食材，就能增添料理風味，無須過度調味，對大家都有好處。香草也富含各種不可思議的營養特性，我們非常喜歡。另外也別忘了乾燥香草。乾燥香草並沒有比新鮮香草差，只是形態不同而已。令人驚奇的是，乾燥香草仍保留許多營養價值，而對廚師來說，最有用的地方在於乾燥香草的風味明顯不同。而且乾燥香草不易腐爛，隨時都能使用，超級方便。我的常備香草包括：奧勒岡、蒔蘿、薄荷和百里香等等。

聊聊廚具

我在這本書裡用的廚具相當簡單——一套醬汁鍋、耐烤不沾平底鍋和法國砂鍋；橫紋煎鍋；幾個厚底深烤盤和烘焙烤盤。當然，幾乎每道食譜都會用到砧板和一套好用的刀子。如果想要節省時間，有幾種廚具能讓你的生活更輕鬆，例如削皮刀、四面刨絲器和研缽等，都是創造美味口感的絕佳工具。有食物調理機和食物處理機更棒，對時間不多的你來說更是方便！

愛用烤箱

書中所有料理都是使用旋風烤箱做的，你可以在網路上找到傳統烤箱、°F和瓦斯烤箱的換算方式。

傑米營養團隊筆記

我們的工作是確保傑米在發揮超強創意的同時，也能保證所有食譜都符合我們的營養原則。傑米的每一本書各有不同的主題，而這本《傑米・奧利佛的5種食材：地中海料理》的重點，是為一週日常餐點提供靈感。除

了「甜品」章節之外，本書70%的食譜都符合我們的日常飲食原則，但這些食譜並非完整的一餐，所以你得補充缺乏的部分來平衡你的飲食。為了讓你清楚了解營養資訊，以便做出明智選擇，我們在每道食譜下方提供簡明易讀的每份營養標示。我們也希望促進更永續的飲食方式，因此書中65%的食譜是蔬食或少肉料理（意思是比一般分量減少至少30%的肉類）。

食物是有趣、充滿喜悅又有創意的東西，能賦予我們能量，在維持身體健康方面具有重要作用。記住，食用營養豐富、種類多樣的均衡飲食，搭配定期運動，是讓生活型態更健康的關鍵。我們不會把食物貼上「好的」或「不好的」標籤，因為每種食物都有它的價值。即便如此，如果飲食失衡，還是有可能影響健康。我們鼓勵大家了解哪些是平時可以多吃的營養食物，哪些是偶爾享用就好的食物。想要深入了解我們的營養原則，以及我們如何分析食譜的營養資訊，請上 jamieoliver.com/nutrition。

蘿姿・巴切拉（Rozzie Batchelar）
——資深營養師，註冊食物營養師

關於均衡飲食

保持均衡是良好飲食的關鍵。只要正確維持餐點均衡並控制分量，就是踏出健康的第一步。攝取各式各樣的食物可以確保身體獲得需要的營養。你不必每天都吃得非常精確，只要努力維持一週飲食均衡即可。如果你可以吃葷食，主餐的食用原則一般是一週至少吃兩份魚，其中一份必須是富含油脂的魚。當週的其他主餐則分別吃優質蔬食餐點、一些禽肉，以及少量紅肉。全素飲食也可以吃得很健康。

何謂均衡飲食

英國政府的「良好飲食指南」（Eatwell Guide）示範何謂均衡飲食。下列表格數字說明各大類食物的每日建議攝取量。

蔬果

想過美好健康的生活，就要吃以蔬果為主的飲食。蔬果的顏色、形狀、大小、風味和口感各有不同，而且含有各種維生素和礦物質，每一種都對維持身體最佳健康狀態具有重要作用，所以多樣化是重點。攝取彩虹蔬果，盡量搭配不同種類，挑選當季品種，這

五大類食物（英國）	分量
蔬果	40%
澱粉類碳水化合物（麵包、米飯、馬鈴薯、義大利麵）	38%
蛋白質（瘦肉、魚、蛋、豆、其他非乳製品蛋白質來源）	12%
乳製品、牛奶和乳製品替代品	8%
不飽和脂肪（例如油品）	1%
同時別忘了攝取足夠的水分	

盡量偶爾才吃高油、高鹽或高糖的食物。

樣就能吃到最好、最營養的農產品。在最低限度下，一週每天至少攝取五份新鮮、冷凍或罐裝蔬果，可以的話多吃一些。一份為80克或一個拳頭大小。你也可以每天攝取30克的果乾，80克的豆子或豆科種籽，以及150毫升的無糖蔬果汁。

澱粉類碳水化合物

碳水化合物為我們提供身體活動所需的大部分能量，以及器官運作所需的燃料。可以的話，請選擇富含纖維的全穀物和全麥類。一般成人每日建議攝取260克碳水化合物，其中高達90克來自總糖量（total sugar），包括水果、牛奶和乳製品中的天然糖分，來自游離糖（free sugar）的分量則不應超過30克。游離糖是指添加到食物和飲料裡的糖，包括蜂蜜、糖漿、果汁和果昔裡的糖。纖維被歸類為碳水化合物，主要存在於全穀類碳水化合物和蔬果等植物性食物中，纖維有助維持消化系統健康、控制血糖水平，以及保持健康的膽固醇水平。成人每天應該攝取至少30克的纖維。

蛋白質

蛋白質是人體的基本組成要素，是幫助人體生長和修復的重要物質。試著攝取多樣化的蛋白質，多吃豆子和豆科種籽，每週攝取兩份永續來源的魚（其中一份必須富含油脂），如果你的飲食中紅肉和加工肉品占比很高，則應減少攝取。盡量挑選動物性蛋白質的瘦肉部位。豆子、豌豆和扁豆是很棒的肉類替代品，因為它們天然低脂，除了蛋白質，也含有纖維，以及一些維生素和礦物質。其他營養豐富的蛋白質來源包括豆腐、蛋、堅果和種籽。多樣化是關鍵！十九到五十歲的一般女性每天要攝取45克蛋白質，同樣年齡層的男性每天則要攝取55克蛋白質。

乳製品、牛奶和乳製品替代品

只要適量攝取，這類食物可以提供各種營養素。在挑選這類食物時，多選有機牛奶和優格，以及少量乳酪；無添加糖的低脂品項也很不錯，值得品嘗。如果選擇植物性替代品，我認為有選擇餘地是很好，但要挑選無添加糖的營養強化產品，而且要看成分表上是否標示添加鈣、碘和維生素 B$_2$，避免沒攝取到一般乳製品所提供的關鍵營養素。

不飽和脂肪

雖然我們需要的脂肪不多，但還是要選擇比較健康的種類。盡量挑選不飽和脂肪，像是橄欖油、液體植物油、堅果油、種籽油、酪梨油，以及富含 Omega-3 脂肪酸的魚類。通常來說，建議一般女性每天不要攝取超過70克脂肪，其中飽和脂肪不要超過20克。一般男性每天不要攝取超過90克脂肪，其中飽和脂肪不要超過30克。

多喝水

想要保持最佳狀態，多喝水是很重要的。水對生命非常重要，對人體的每一個功能都不可或缺！通常來說，十四歲以上的女性每天至少要攝取 2 公升的水，同樣年齡層的男性則至少要攝取 2.5 公升的水。

熱量和營養資訊

一般女性每天所需熱量為 2,000 大卡，一般男性所需熱量則是 2,500 大卡左右。這些數字只是一個大概，因為我們的飲食也要考量年齡、體型、生活型態和活動量等因素。

獻上我的愛與感謝
WITH LOVE & THANKS

請放心，即便這已是我的第 27 本書（你們相信嗎？），我的感激之情也不比第一本書時少。這些年來，我竭盡所能撰寫最棒的食譜書，這份執著與投入不曾動搖。我優秀的團隊中有許多人從一開始就與我並肩作戰，在大家的支持和幫助下，我們做出一番了不起的事情，我很引以為傲，你們也應該如此。

首先，由衷感謝才華洋溢的內部食物團隊。感謝美妙的吉妮·洛夫（Ginny Rolfe），她自始至終一直陪伴著我，如果沒有她在身旁，寫起書來感覺就是不對勁。感謝了不起的麥迪·里克斯（Maddie Rix）、瑞秋·楊（Rachel Young）、露絲·泰比（Ruth Tebby）、莎朗·夏普（Sharon Sharpe）、貝琪·梅里克（Becky Merrick）和海倫·馬丁（Helen Martin）。感謝可靠的夥伴皮特·貝格（Pete Begg）和鮑比·塞比爾（Bobby Sebire）。還要感謝我們的食物團隊大家庭：喬登·喬丹（Jodene Jordan）、雨果·哈里森（Hugo Harrison）、艾拉·穆雷（Isla Murray）、蘇菲·麥金農（Sophie Mackinnon）、強尼·古塞利（Johnny Guselli）和喬治·斯托克斯（George Stocks）。與你們共事真是開心。

大聲感謝美妙的營養師蘿姿·巴切拉和傑出的技術人員露辛達·柯布（Lucinda Cobb）。感謝妳們監督書中食譜，確保符合營養標準。

在文字方面，感謝可愛的貝絲·斯特勞德（Beth Stroud）接掌這本書的統籌工作，感謝試作大師潔德·梅林（Jade Melling），還有蘇瑪雅·斯蒂爾（Sumaya Steele）和其他編輯團隊成員。特別感謝我的總編輯蕾貝卡·維里提（Rebecca Verity），她還在休產假，但還是從遠端關注這本書的進度，也要感謝她的代理人蕾貝卡·莫爾頓（Rebecca Morten）。

由衷感謝創意總監詹姆斯·維里提（James Verity）的設計，你的作品一如既往地令人驚豔。也要大聲感謝德文·傑夫斯（Devon Jeffs）和其他的團隊成員。

向我們長期合作的攝影大師大衛·羅特斯（David Loftus）致以崇高的敬意，我一如既往地感謝你。同時也感謝克里斯·泰瑞（Chris Terry）拍攝可愛的人物照和旅行照，也要感謝康斯坦丁諾斯·索菲基蒂斯（Konstantinos Sofikitis）、薩米·弗里卡（Samy Frihka）和艾德維奇·拉米（Edwidge Lamy）拍出精美的紀實攝影。

非常感謝我在企鵝藍燈書屋（Penguin Random House）的家人一直以來的支持，你們真是勤奮工作！感謝湯姆·韋爾登（Tom Weldon）、路易絲·摩爾（Louise Moore）、伊莉莎白·史密斯（Elizabeth Smith）、克萊兒·帕克（Clare Parker）、湯姆·特勞頓（Tom Troughton）、艾拉·沃特金斯（Ella Watkins）、卡莉·湯森德（Kallie Townsend）、朱麗葉·巴特勒（Juliette Butler）、凱薩琳·蒂巴爾斯（Katherine Tibbals）、李·莫特利（Lee Motley）、莎拉·弗雷澤（Sarah Fraser）、

尼克·朗茲（Nick Lowndes）、克莉絲汀娜·埃利科特（Christina Ellicott）、蘇菲·馬斯頓（Sophie Marston）、蘿拉·加羅德（Laura Garrod）、凱莉·梅森（Kelly Mason）、艾瑪·卡特（Emma Carter）、漢娜·帕德漢姆（Hannah Padgham）、克里斯·懷亞特（Chris Wyatt）、翠西·奧查德（Tracy Orchard）、香塔·諾爾（Chantal Noel）、凱薩琳·伍德（Catherine Wood）、安賈莉·納塔尼（Anjali Nathani）、凱特·雷納斯（Kate Reiners）、泰拉·布爾（Tyra Burr）、喬安娜·懷特海德（Joanna Whitehead）、瑪德琳·史蒂芬森（Madeleine Stephenson）、黎安·威廉斯（Lee-Anne Williams）、潔西卡·梅里丁（Jessica Meredeen）、莎拉·波特（Sarah Porter）、葛蕾絲·德拉爾（Grace Dellar）、史都華·安德森（Stuart Anderson）、安娜·柯維斯（Anna Curvis）、阿庫阿·阿庫瓦（Akua Akowuah）、莎曼珊·韋德（Samantha Waide）和凱芮·安德森（Carrie Anderson），還要感謝安妮·李（Annie Lee）、吉兒·科爾（Jill Cole）、艾瑪·霍頓（Emma Horton）和露絲·艾利斯（Ruth Ellis）。

獻給「傑米·奧利佛總部」（JO HQ）團隊滿滿的愛，你們都很棒。特別感謝與本書的製作和推廣最直接相關的人們，感謝我的行銷大師羅莎琳德·戈德伯（Rosalind Godber）和蜜雪兒·達姆（Michelle Dam），以及公關人員坦西恩·齊茨曼（Tamsyn Zeitsman）。感謝布萊奧尼·帕默（Bryony Palmer）和社群團隊的其他成員。感謝里奇·赫德（Rich Herd）和視覺處理團隊。感謝堅定不移的財務團隊，尤其是在背後辛勤工作的帕梅拉·洛夫洛克（Pamela Lovelock）、可愛的特麗絲·麥克德莫特（Therese MacDermott）和約翰·德瓦爾（John Dewar）。獻給喬凡娜·米莉亞（Giovanna Milia）和法律團隊一個大大的心，也要感謝人事、營運、資訊科技、生產開發，以及設施團隊。感謝你們一如既往的辛勞和付出。另外，也要向我熱心的辦公室試作團隊致敬，感謝你們的努力不懈。

我要感謝執行長凱文·斯泰爾斯（Kevin Styles）、副總裁露易絲·霍蘭德（Louise Holland）、堅毅的媒體總監柔伊·科林斯（Zoe Collins），以及體貼周到的執行助理阿里·索爾威（Ali Solway）

我也要感謝伊澤爾汀·布卡里（Izzeldin A. Bukhari）和喬治娜·海登（Georgina Hayden）跟我聊美食和提供靈感。感謝阿蘭達威爾遜陶瓷（Alanda Wilson Ceramics）和西奇農場工作室（Sytch Farm studios）才華洋溢的陶藝師們，我喜歡尋找和蒐集新盤子和陶器，你們的作品真是精美。

在電視節目方面，感謝大家的辛勤工作和美好回憶。感謝西恩·莫克斯海（Sean Moxhay）、山姆·貝多斯（Sam Beddoes）、凱蒂·米拉德（Katie Millard）、傑米·漢米克（Jamie Hammick）、莎拉·德爾丁·羅伯特森（Sarah Durdin Roberston）、班·普雷格（Ben Prager）、倫佐·盧扎多（Renzo Luzardo）、唐雅·庫克（Tanya Cook）和美玲·何（Mee-ling Ho）。也要感謝每個拍攝地點優秀的當地籌備團隊。感謝托比特·里普（Tobie Tripp）製作音樂，也要感謝第四頻道（Channel 4）和弗里曼特爾製作公司（Fremantle）的團隊。

當然，還要感謝我美麗的家人一直以來的支持。

我愛你們大家。

索引

標示 V 的食譜適合素食者食用；其中有些食譜要用素食乳酪代替帕馬森等乳酪。

如需本書所有素食、維根、無乳製品
和無麩質食譜的快速參照清單，請上：
jamieoliver.com/5ingredientsmed/reference

傑米・奧利佛作品集

1. 《原味主廚奧利佛》（*The Naked Chef*），1999
2. 《原味主廚回來了》（*The Return of the Naked Chef*），2000
3. 《與原味主廚共度快樂時光》（暫譯，*Happy Days with the Naked Chef*），2001
4. 《傑米・奧利佛的廚房》（暫譯，*Jamie's Kitchen*），2002
5. 《傑米・奧利佛的晚餐》（暫譯，*Jamie's Dinners*），2004
6. 《來吃義大利：傑米・奧利佛的美食出走》（*Jamie's Italy*），2005
7. 《跟著傑米・奧利佛下廚》（暫譯，*Cook with Jamie*），2006
8. 《傑米・奧利佛宅在家》（暫譯，*Jamie at Home*），2007
9. 《傑米・奧利佛的美食部》（暫譯，*Jamie's Ministry of Food*），2008
10. 《來吃美利堅：傑米・奧利佛的美食出走》（暫譯，*Jamie's America*），2009
11. 《傑米・奧利佛的歐非美食漫遊》（*Jamie Does*），2009
12. 《傑米・奧利佛30分鐘上菜》（*Jamie's 30-Minute Meals*），2010
13. 《來吃大不列顛：傑米・奧利佛的美食出走》（暫譯，*Jamie's Great Britain*），2011
14. 《傑米・奧利佛15分鐘上菜》（*Jamie's 15-Minute Meals*），2012
15. 《傑米・奧利佛省錢上菜》（*Save with Jamie*），2013
16. 《傑米・奧利佛的療癒食物》（*Jamie's Comfort Food*），2014
17. 《傑米・奧利佛的超級食物》（*Everyday Super Foods*），2015
18. 《傑米・奧利佛的超級食物家庭經典》（暫譯，*Super Food Family Classics*），2016
19. 《傑米・奧利佛的聖誕食譜》（暫譯，*Jamie Oliver's Christmas Cookbook*），2016
20. 《傑米・奧利佛的簡單餐桌》（*5 Ingredients – Quick & Easy Food*），2017
21. 《傑米・奧利佛烹調義大利》（暫譯，*Jamie Cooks Italy*），2018
22. 《傑米・奧利佛的週五夜宴食譜》（暫譯，*Jamie's Friday Night Feast Cookbook*），2018
23. 《傑米・奧利佛的蔬食料理》（暫譯，*Veg*），2019
24. 《傑米・奧利佛的7種烹調法》（暫譯，*7 Ways*），2020
25. 《與傑米・奧利佛一起用餐》（暫譯，*Together*），2021
26. 《傑米・奧利佛的一鍋到底料理》（暫譯，*ONE*），2022
27. 《傑米・奧利佛的5種食材：地中海料理》（*5 Ingredients Mediterranean*），2023

想知道更多嗎？

想了解更多實用營養建議、各類主題的影片、專題、提示、訣竅、技巧，

以及大量精彩食譜，請見：

JAMIEOLIVER.COM #5INGREDIENTSMED

傑米‧奧利佛的125+道地中海料理
5種食材、5樣常備調味料，
30分鐘簡單煮出風味滿點、健康無負擔的地中海

作　　者／傑米‧奧利佛 JAMIE OLIVER
譯　　者／楊雅琪
主　　編／林志恒
特約編輯／劉素芬
封面設計／李岱玲
內頁排版／李岱玲

發 行 人／許彩雪
總 編 輯／林志恆
出 版 者／常常生活文創股份有限公司
地　　址／106台北市大安區信義路二段130號

讀者服務專線／(02) 2325-2332
讀者服務傳真／(02) 2325-2252
讀者服務信箱／goodfood@taster.com.tw

法律顧問／浩宇法律事務所
總 經 銷／大和圖書有限公司
電　　話／(02) 8990-2588（代表號）
傳　　真／(02) 2290-1628

製版印刷／龍岡數位文化股份有限公司
初版一刷／2024 年 5 月

定　　價／新台幣 799 元
I S B N／978-626-7286-15-9

國家圖書館出版品預行編目 (CIP) 資料

傑米‧奧利佛的125+道地中海料理：5 種食材、5 樣常備調味料,30 分鐘簡單煮出風味滿點、健康無負擔的地中海美食 / 傑米．奧利佛 (Jamie Oliver) 作 ; 楊雅琪譯 . -- 初版 . -- 臺北市：常常生活文創股份有限公司 , 2024.05
　面；　公分
譯自：5 ingredients mediterranean : simple incredible food.
ISBN 978-626-7286-15-9(平裝)
1.CST: 健康飲食 2.CST: 食譜
427.12　　　　　　　113004697

FB｜常常好食　　網站｜食醫行市集

著作權所有‧翻印必究
（缺頁或破損請寄回更換）